R 语言数据分析与实操简易教程

徐翠莲　胡文明　郭伟锋　主编

东北林业大学出版社

Northeast Forestry University Press

·哈尔滨·

图书在版编目（CIP）数据

R 语言数据分析与实操简易教程 / 徐翠莲，胡文明，郭伟锋主编. -- 哈尔滨：东北林业大学出版社，2024.

6. -- ISBN 978-7-5674-3620-6

Ⅰ . TP312

中国国家版本馆 CIP 数据核字第 20242S3M70 号

责任编辑：姚大彬

封面设计：魏丽娜

出版发行：东北林业大学出版社（哈尔滨市香坊区哈平六道街 6 号　邮编：150040）

印　　装：三河市悦鑫印务有限公司

开　　本：787 mm×1092 mm　1/16

印　　张：7.5

字　　数：173 千字

版　　次：2024 年 6 月第 1 版

印　　次：2024 年 6 月第 1 次印刷

书　　号：ISBN 978-7-5674-3620-6

定　　价：68.00 元

《R语言数据分析与实操简易教程》编委会

主　编：徐翠莲（塔里木大学农学院）

　　　　胡文明（塔里木大学农学院）

　　　　郭伟锋（塔里木大学农学院）

副主编：王瑞清（塔里木大学农学院）

　　　　李　玲（塔里木大学农学院）

　　　　曹新川（塔里木大学农学院）

　　　　胡文涛（威海市职业中等专业学校）

前　　言

　　本书是利用 R 语言及其辅助编程软件 RStudio 进行试验数据分析的初级入门教程，适用于初步掌握 R 软件的基本使用方法，了解编程代码但编程基础相对较弱的学生，为他们在完成毕业论文数据分析方面提供帮助。

　　本书编撰的内容主要针对农学等植物生产类专业，涵盖了农学等专业试验数据常用的统计分析方法的基本原理、分析步骤以及 R 程序，具体包括农艺性状的基本统计描述、平均数比较、方差分析、回归分析、相关分析、主成分分析、通径分析、聚类分析、因子分析和对应分析等内容。同时，本书在每一章后面配套相关实例，可供学生反复练习，让他们在短时间内学会和掌握 R 语言编程，同时也可根据需要套用相关程序语句，顺利完成毕业论文的试验数据分析。

　　由于本书的内容不同程度地借鉴了前人的教材和编程程序，对于内容的系统性和完整性有待提高。同时，由于作者研究水平及写作能力有限，书中不可避免存在许多不足之处，恳请各位同行专家和广大读者朋友批评指正。

作　者

2024 年 3 月

目　　录

第一章　基本统计描述

第一节　基本统计描述的统计量

一、集中趋势度量

1. 分类数据：众数

众数是一组数据中出现次数最多的变量值，常用于反映一组分类数据的集中趋势，且不受极端值影响。

2. 顺序数据：中位数、四分位数

中位数是一组数据排序后处于中间位置的变量值。四分位数是一组数据排序后处于25%和75%位置上的值。它们常用于反映一组顺序数据的集中趋势，且不受极端值影响。

3. 数值型数据：平均数

平均数是一组数据相加后除以数据的个数得到的结果，它的计算公式有多种，如简单平均数、加权平均数、几何平均数。它主要用于反映一组数值型数据的集中趋势，且易受极端值影响。

二、离散程度度量

1. 分类数据：异众比率

异众比率是指非众数组的频数占总频数的比例，它主要用于衡量众数对一组数据的代表程度。其值越大，众数的代表性越差；值越小，众数代表性越好。

2. 顺序数据：四分位差

四分位差是上四分位数与下四分位数之差。它反映了中间50%数据的离散程度，其数值越小说明数据越集中，数值越大说明数据越发散。

3. 数值型数据：方差和标准差

方差是各变量值与其均值离差平方的平均数。方差的平方根成为标准差。它们是实际中应用最广的数值型数据离散程度测度值。其值越大，说明数据越分散。此外，还有极差、平均差等可以对离散程度进行测度。

此外，还有极差，平均差等统计量有时也可以反映数值型数据的离散程度，不过极差描述的效果不太好，而平均差则不方便计算，故不常用。

　　注：数值型数据的相对位置度量用标准分数(sc)表示，如 $z=-1.5$，表示该数值低于平均数的 1.5 倍标准差，标准分数公式如下：

$$Z_i = \frac{x - \bar{x}}{s}$$

三、分布形状度量

　　(1)偏度系数是对数据分布对称性的测度，当分布对称时，其值为 0；分布左偏时，其值为负；分布右偏时，其值为正。

　　(2)峰度系数是对数据分布平峰或尖峰程度的测度，它是通过与标准正态分布的峰态系数进行比较来实现的，当分布为正态时，其值为 0；分布为尖峰时，其值为正；分布为平峰时，其值为负。

四、变异系数

　　变散系数是一组数据的标准差与其相应的平均数之比，其计算公式如下：

$$CV = \frac{s}{\bar{x}}$$

它主要用来比较不同样本之间的离散程度。离散系数越大，说明数据的离散程度越大；离散系数越小，则说明数据的离散程度越小。

第二节　整体的描述统计

一、使用 summary( ) 函数

以 R 自带的 mtcars 数据为例。
data(mtcars)#加载数据
summary(mtcars)#基本统计描述
运行结果：

```
> summary(mtcars)
      mpg              cyl             disp              hp
 Min.   : 10.40   Min.   : 4.000   Min.   : 71.1   Min.   : 52.0
 1st Qu. : 15.43   1st Qu. : 4.000   1st Qu. : 120.8   1st Qu. : 96.5
 Median : 19.20   Median : 6.000   Median : 196.3   Median : 123.0
 Mean   : 20.09   Mean   : 6.188   Mean   : 230.7   Mean   : 146.7
```

| 3rd Qu. : 22.80 | 3rd Qu. : 8.000 | 3rd Qu. : 326.0 | 3rd Qu. : 180.0 |
| Max.   : 33.90 | Max.   : 8.000 | Max.   : 472.0 | Max.   : 335.0 |

drat	wt	qsec	vs
Min. : 2.760	Min. : 1.513	Min. : 14.50	Min. : 0.0000
1st Qu. : 3.080	1st Qu. : 2.581	1st Qu. : 16.89	1st Qu. : 0.0000
Median : 3.695	Median : 3.325	Median : 17.71	Median : 0.0000
Mean : 3.597	Mean : 3.217	Mean : 17.85	Mean : 0.4375
3rd Qu. : 3.920	3rd Qu. : 3.610	3rd Qu. : 18.90	3rd Qu. : 1.0000
Max. : 4.930	Max. : 5.424	Max. : 22.90	Max. : 1.0000

am	gear	carb
Min. : 0.0000	Min. : 3.000	Min. : 1.000
1st Qu. : 0.0000	1st Qu. : 3.000	1st Qu. : 2.000
Median : 0.0000	Median : 4.000	Median : 2.000
Mean : 0.4062	Mean : 3.688	Mean : 2.812
3rd Qu. : 1.0000	3rd Qu. : 4.000	3rd Qu. : 4.000
Max. : 1.0000	Max. : 5.000	Max. : 8.000

二、使用 sapply( ) 函数

sapply( ) 函数使用格式为：sapply(x, FUN, options)

其中的 x 为数据框(或矩阵)，FUN 为一个任意的函数。如果指定了 options，它们将被传递给 FUN，典型函数有 mean( )、sd( )、var( )、min( )、max( )、median( )、length( )、range( )和 quantile( )等。

函数 fivenum( )可返回 Tukey 五数总括(Tukey's five-number summary，即最小值、下四分位数、中位数、上四分位数和最大值)。

例如：

sapply(mtcars, mean)；

sapply(mtcars, sd)；

sapply(mtcars, var)。

运行结果：

```
> sapply( mtcars, mean)
```

mpg	cyl	disp	hp	drat	wt	qsec
20.090625	6.187500	230.721875	146.687500	3.596563	3.217250	17.848750

vs	am	gear	carb
0.437500	0.406250	3.687500	2.812500

```
> sapply( mtcars, sd)
```

mpg	cyl	disp	hp	drat	wt

6. 0269481	1. 7859216	123. 9386938	68. 5628685	0. 5346787	0. 9784574

qsec	vs	am	gear	carb
1. 7869432	0. 5040161	0. 4989909	0. 7378041	1. 6152000

```
> sapply(mtcars, var)
```

mpg	cyl	disp	hp	drat	wt
3. 632410e+01	3. 189516e+00	1. 536080e+04	4. 700867e+03	2. 858814e-01	9. 573790e-01

qsec	vs	am	gea	carb
3. 193166e+00	2. 540323e-01	2. 489919e-01	5. 443548e-01	2. 608871e+00

#使用自定义函数 mystats

```
mystats <-function(x, na. omit=FALSE) {
    if (na. omit)
    x <- x[! is. na(x)]
    m <-mean(x)
    n <- length(x)
    s <- sd(x)
    skew <- sum((x-m)^3/s^3)/n
    kurt <- sum((x-m)^4/s^4)/n- 3
    return(c(n=n, mean=m, stdev=s, skew=skew, kurtosis=kurt))
}
sapply(mtcars, mystats)
```

运行结果如下:

```
> sapply(mtcars, mystats)
```

	mpg	cyl	disp	hp	drat	wt	qsec
n	32. 000000	32. 0000000	32. 000000	32. 0000000	32. 0000000	32. 00000000	32. 0000000
mean	20. 090625	6. 1875000	230. 721875	146. 6875000	3. 5965625	3. 21725000	17. 8487500
stdev	6. 026948	1. 7859216	123. 938694	68. 5628685	0. 5346787	0. 97845744	1. 7869432
skew	0. 610655	−0. 1746119	0. 381657	0. 7260237	0. 2659039	0. 42314646	0. 3690453
kurtosis	−0. 372766	−1. 7621198	−1. 207212	−0. 1355511	−0. 7147006	−0. 02271075	0. 3351142

	vs	am	gear	carb
n	32. 0000000	32. 0000000	32. 0000000	32. 000000
mean	0. 4375000	0. 4062500	3. 6875000	2. 812500
stdev	0. 5040161	0. 4989909	0. 7378041	1. 615200
skew	0. 2402577	0. 3640159	0. 5288545	1. 050874
kurtosis	−2. 0019376	−1. 9247414	−1. 0697507	1. 257043

三、使用 pastecs 包中的 stat. desc( ) 函数

stat. desc( ) 函数基本格式为: stat. desc(x, basic = TRUE, desc = TRUE, norm = FALSE, p=0. 95)

其中, x 为数据框或时间序列; basic 默认为 TRUE, 则计算所有值、空值、缺失值

的数量；desc 默认为 TRUE，则计算中位数、平均数、平均数的标准误、平均数置信度为 95% 的置信区间、方差、标准差及变异系数；norm 默认为 FALSE，若为 TRUE 则计算正态分布统计量：偏度、峰度及显著 p 值、Shapiro-Wilk 正态检验结果；p 值设定置信度，默认 0.95。

```
install. packages("pastecs")
library(pastecs)
stat. desc(mtcars[, 1: 4], norm = TRUE)
```
运行结果：

```
> stat. desc(mtcars[, 1: 4], norm = TRUE)
```

	mpg	cyl	disp	hp
nbr. val	32. 0000000	3. 200000e+01	3. 200000e+01	32. 00000000
nbr. null	0. 0000000	0. 000000e+00	0. 000000e+00	0. 00000000
nbr. na	0. 0000000	0. 000000e+00	0. 000000e+00	0. 00000000
min	10. 4000000	4. 000000e+00	7. 110000e+01	52. 00000000
max	33. 9000000	8. 000000e+00	4. 720000e+02	335. 00000000
range	23. 5000000	4. 000000e+00	4. 009000e+02	283. 00000000
sum	642. 9000000	1. 980000e+02	7. 383100e+03	4694. 00000000
median	19. 2000000	6. 000000e+00	1. 963000e+02	123. 00000000
mean	20. 0906250	6. 187500e+00	2. 307219e+02	146. 68750000
SE. mean	1. 0654240	3. 157093e-01	2. 190947e+01	12. 12031731
CI. mean. 0. 95	2. 1729465	6. 438934e-01	4. 468466e+01	24. 71955013
var	36. 3241028	3. 189516e+00	1. 536080e+04	4700. 86693548
std. dev	6. 0269481	1. 785922e+00	1. 239387e+02	68. 56286849
coef. var	0. 2999881	2. 886338e-01	5. 371779e-01	0. 46740771
skewness	0. 6106550	-1. 746119e-01	3. 816570e-01	0. 72602366
skew. 2SE	0. 7366922	-2. 106512e-01	4. 604298e-01	0. 87587259
kurtosis	-0. 3727660	-1. 762120e+00	-1. 207212e+00	-0. 13555112
kurt. 2SE	-0. 2302812	-1. 088573e+00	-7. 457714e-01	-0. 08373853
normtest. W	0. 9475647	7. 533100e-01	9. 200127e-01	0. 93341934
normtest. p	0. 1228814	6. 058338e-06	2. 080657e-02	0. 04880824

四、使用 Hmisc 包中的 describe( ) 函数

```
install. packages("Hmisc")
library(Hmisc)
describe(mtcars[, 1: 4])
```
运行结果：

```
> install. packages("Hmisc")
试开 URL'https: //mirror. lzu. edu. cn/CRAN/bin/windows/contrib/4. 2/Hmisc_5. 1-2. zip'
Content type 'application/zip' length 3543268 bytes (3. 4 MB)
downloaded 3. 4 MB
```

程序包'Hmisc'打开成功，MD5 和检查也通过。

下载的二进制程序包在

　　C：\\ Users \\ Administrator \\ AppData \\ Local \\ Temp \\ RtmpMjfoSl \\ downloaded_packages 里。

> library(Hmisc)

载入程辑包：'Hmisc'

The following objects are masked from 'package：base'：

format. pval, units

Warning messages：

(1)程辑包'Hmisc'是用 R 版本 4.2.3 建造的

(2) replacing previous import 'lifecycle：：last_warnings' by 'rlang：：last_warnings' when loading 'tibble'

(3) replacing previous import 'lifecycle：：last_warnings' by 'rlang：：last_warnings' when loading 'pillar'

> describe(mtcars[, 1：4])

mtcars[, 1：4]

4　Variables　32　Observations

----

mpg

n	missing	distinct	Info	Mean	Gmd	0. 05	0. 10
32	0	25	0. 999	20. 09	6. 796	12. 00	14. 34

0. 25	0. 50	0. 75	0. 90	0. 95
15. 43	19. 20	22. 80	30. 09	31. 30

lowest：10. 4　13. 3　14. 3　14. 7　15, highest：26　27. 3　30. 4　32. 4　33. 9

----

cyl

n	missing	distinct	Info	Mean	Gmd
32	0	3	0. 866	6. 188	1. 948

Value	4	6	8
Frequency	11	7	14
Proportion	0. 344	0. 219	0. 438

For the frequency table, variable is rounded to the nearest 0

----

disp

n	missing	distinct	Info	Mean	Gmd
0. 05	0. 10	32	0	27	
0. 999	230. 7	142. 5	77. 35	80. 61	

0. 25	0. 50	0. 75	0. 90	0. 95
120. 83	196. 30	326. 00	396. 00	449. 00

owest：71. 1　75. 7　78. 7　79　95. 1, highest：360　400　440　460　472

----

hp

n	missing	distinct	Info	Mean	Gmd	.05	.10
32	0	22	0.997	146.7	77.04	63.65	66.00

.25	.50	.75	.90	.95
96.50	123.00	180.00	243.50	253.55

lowest: 52 62 65 66 91, highest: 215 230 245 264 335

五、使用 psych 包中的 describe( ) 函数

describe( )函数可以计算非缺失值的数量、平均数、标准差、中位数、截尾均值、绝对中位差、最小值、最大值、值域、偏度、峰度和平均值的标准误。

install. packages("psych")

library(psych)

psych:: describe(mtcars)

运行结果如下：

> psych:: describe(mtcars)

	vars	n	mean	sd	median	trimmed	mad	min	max	range	skew	kurtosis	se
mpg	1	32	20.09	6.03	19.20	19.70	5.41	10.40	33.90	23.50	0.61	-0.37	1.07
cyl	2	32	6.19	1.79	6.00	6.23	2.97	4.00	8.00	4.00	-0.17	-1.76	0.32
disp	3	32	230.72	123.94	196.30	222.52	140.48	71.10	472.00	400.90	0.38	-1.21	21.91
hp	4	32	146.69	68.56	123.00	141.19	77.10	52.00	335.00	283.00	0.73	-0.14	12.12
drat	5	32	3.60	0.53	3.70	3.58	0.70	2.76	4.93	2.17	0.27	-0.71	0.09
wt	6	32	3.22	0.98	3.33	3.15	0.77	1.51	5.42	3.91	0.42	-0.02	0.17
qsec	7	32	17.85	1.79	17.71	17.83	1.42	14.50	22.90	8.40	0.37	0.34	0.32
vs	8	32	0.44	0.50	0.00	0.42	0.00	0.00	1.00	1.00	0.24	-2.00	0.09
am	9	32	0.41	0.50	0.00	0.38	0.00	0.00	1.00	1.00	0.36	-1.92	0.09
gear	10	32	3.69	0.74	4.00	3.62	1.48	3.00	5.00	2.00	0.53	-1.07	0.13
carb	11	32	2.81	1.62	2.00	2.65	1.48	1.00	8.00	7.00	1.05	1.26	0.29

第三节　分组描述统计

一、使用 aggregate( ) 函数

aggregate( )函数以计算各列的算术平均值，则

aggregate(. ~am, mtcars, mean)

结果如下：

```
> aggregate( . ~ am, mtcars, mean)
```

am	mpg	cyl	disp	hp	drat	wt	qsec	vs	gear	carb
1 0	17.14737	6.947368	290.3789	160.2632	3.286316	3.768895	18.18316	0.3684211	3.210526	2.736842
2 1	24.39231	5.076923	143.5308	126.8462	4.050000	2.411000	17.36000	0.5384615	4.384615	2.923077

若要使用自定义函数也是可以的，以上述自定义函数 mystats 为例，则
aggregate(. ~ am, mtcars, mystats)
结果如下：

```
> aggregate( . ~ am, mtcars, mean)
```

	am	mpg.n	mpg.mean	mpg.stdev	mpg.skew	mpg.kurtosis	cyl.n
1	0	19.00000000	17.14736842	3.83396639	0.01395038	-0.80317826	19.0000000
2	1	13.00000000	24.39230769	6.16650381	0.05256118	-1.45535200	13.0000000

	cyl.mean	cyl.stdev	cyl.skew	cyl.kurtosis	disp.n	disp.mean	disp.stdev
1	6.9473684	1.5446569	-0.9456136	-0.7409637	19.00000000	290.37894737	110.17164678
2	5.0769231	1.5525001	0.8699666	-0.8952805	13.00000000	143.53076923	87.20398868

	disp.skew	disp.kurtosis	hp.n	hp.mean	hp.stdev	hp.skew	hp.kurtosis
1	0.04621046	-1.26266894	19.00000000	160.26315789	53.90819573	-0.01422519	-1.20969733
2	1.32563029	0.40407058	13.00000000	126.84615385	84.06232425	1.35988586	0.56346347

	drat.n	drat.mean	drat.stdev	drat.skew	drat.kurtosis	wt.n	wt.mean
1	19.0000000	3.2863158	0.3923039	0.4998325	-1.2988573	19.0000000	3.7688947
2	13.0000000	4.0500000	0.3640513	0.7932898	0.2092985	13.0000000	2.4110000

	wt.stdev	wt.skew	wt.kurtosis	qsec.n	qsec.mean	qsec.stdev	qsec.skew
1	0.7774001	0.9759294	0.1415676	19.0000000	18.1831579	1.7513076	0.8474103
2	0.6169816	0.2103128	-1.1737358	13.0000000	17.3600000	1.7923588	-0.2291420

	qsec.kurtosis	vs.n	vs.mean	vs.stdev	vs.skew	vs.kurtosis	gear.n
1	0.5483468	19.0000000	0.3684211	0.4955946	0.5030472	-1.8353779	19.0000000
2	-1.4236598	13.0000000	0.5384615	0.5188745	-0.1368460	-2.1276416	13.0000000

	gear.mean	gear.stdev	gear.skew	gear.kurtosis	carb.n	carb.mean	carb.stdev
1	3.2105263	0.4188539	1.3094696	-0.2925208	19.0000000	2.7368421	1.1470787
2	4.3846154	0.5063697	0.4206764	-1.9562130	13.0000000	2.9230769	2.1779784

	carb.skew	carb.kurtosis
1	-0.1379392	-1.5741208
2	0.9838681	-0.21169885

注：可以使用多个分组变量，但只支持 mean, sd 等单返回值函数。

二、使用 doBy 包中的 summaryBy( ) 函数

函数为：

summaryBy(formula，data＝dataframe，FUN＝function)

其中，formula 接受如下格式的公式：var1＋…＋varN ~ groupvar1＋groupvar2＋…

用~隔开要分析的变量和分组变量。

程序为：

install. packages("doBy")

library(doBy)

myfun<-function(x)(c(mean＝mean(x)，sd＝sd(x)))

summaryBy(mpg+hp+wt ~ am，data＝mtcars，FUN＝myfun)

结果如下：

```
> aggregate( . ~ am, mtcars, mean)

> library( doBy)

> myfun<-function( x )( c( mean＝mean( x )，sd＝sd( x ) ) )

> summaryBy( mpg+hp+wt ~ am, data＝mtcars, FUN＝myfun)
```

	am	mpg. mean	mpg. sd	hp. mean	hp. sd	wt. mean	wt. sd
1	0	17. 14737	3. 833966	160. 2632	53. 90820	3. 768895	0. 7774001
2	1	24. 39231	6. 166504	126. 8462	84. 06232	2. 411000	0. 6169816

三、使用 psych 包中的 describeBy( ) 函数

describeBy( ) 函数程序为：

library(psych)

describeBy(mtcars[，1：4]，mtcars $ am)

结果如下：

```
> aggregate( . ~ am, mtcars, mean)

> describeBy( mtcars[ , 1：4], mtcars $ am )
```

Descriptive statistics by group

group：0

	vars	n	mean	sd	median	trimmed	mad	min	max	range	skew	kurtosis	se
mpg	1	19	17. 15	3. 83	17. 3	17. 12	3. 11	10. 4	24. 4	14. 0	0. 01	-0. 80	0. 88
cyl	2	19	6. 95	1. 54	8. 0	7. 06	0. 00	4. 0	8. 0	4. 0	-0. 95	-0. 74	0. 35
disp	3	19	290. 38	110. 17	275. 8	289. 71	124. 83	120. 1	472. 0	351. 9	0. 05	-1. 26	25. 28
hp	4	19	160. 26	53. 91	175. 0	161. 06	77. 10	62. 0	245. 0	183. 0	-0. 01	-1. 21	12. 37

group： 1

	vars	n	mean	sd	median	trimmed	mad	min	max	range	skew	kurtosis	se
mpg	1	13	24.39	6.17	22.8	24.38	6.67	15.0	33.9	18.9	0.05	-1.46	1.71
cyl	2	13	5.08	1.55	4.0	4.91	0.00	4.0	8.0	4.0	0.87	-0.90	0.43
disp	3	13	143.53	87.20	120.3	131.25	58.86	71.1	351.0	279.9	1.33	0.40	24.19
hp	4	13	126.85	84.06	109.0	114.73	63.75	52.0	335.0	283.0	1.36	0.56	23.31

四、使用 reshape 包的数据透视表函数

程序为：

install. packages("reshape")

library(reshape)

myfun<-function(x) (c(n=length(x), mean=mean(x), sd=sd(x)))

dfm<-melt(mtcars, measure. vars=c("mpg", "hp", "wt"), id. vars=c("am", "cyl"))

headtail(dfm)

cast(dfm, am+cyl+variable~., myfun)

运行结果：

>library(reshape)

Warning message：

程辑包'reshape'是用 R 版本 4.2.3 建造的

> myfun<-function(x) (c(n=length(x), mean=mean(x), sd=sd(x)))

> dfm<-melt(mtcars, measure. vars=c("mpg", "hp", "wt"), id. vars=c("am", "cyl"))

> headtail(dfm)

	am	cyl	variable	value
1	1	6	mpg	21
2	1	6	mpg	21
3	1	4	mpg	22.8
4	0	6	mpg	21.4
		------------<NA>------------		
93	1	8	wt	3.17
94	1	6	wt	2.77
95	1	8	wt	3.57
96	1	4	wt	2.78

Warning message：

headtail is deprecated. Please use the headTail function

```
> cast( dfm, am +cyl+variable~ . , myfun)
```

	am	cyl	variable	n	mean	sd
1	0	4	mpg	3	22.900000	1.4525839
2	0	4	hp	3	84.666667	19.6553640
3	0	4	wt	3	2.935000	0.4075230
4	0	6	mpg	4	19.125000	1.6317169
5	0	6	hp	4	115.250000	9.1787799
6	0	6	wt	4	3.388750	0.1162164
7	0	8	mpg	12	15.050000	2.7743959
8	0	8	hp	12	194.166667	33.3598379
9	0	8	wt	12	4.104083	0.7683069
10	1	4	mpg	8	28.075000	4.4838599
11	1	4	hp	8	81.875000	22.6554156
12	1	4	wt	8	2.042250	0.4093485
13	1	6	mpg	3	20.566667	0.7505553
14	1	6	hp	3	131.666667	37.5277675
15	1	6	wt	3	2.755000	0.1281601
16	1	8	mpg	2	15.400000	0.5656854
17	1	8	hp	2	299.500000	50.2045815
18	1	8	wt	2	3.370000	0.2828427

第二章　平均数比较

第一节　两非配对样本的总体均值检验

适用数据：观测样本来自总体中的两个独立样本，抽样个过程中互不干扰。

检验目标：两样本均值是否具有统计上的显著性。不具有显著性：均值差是由抽样误差导致的。

理论依据：样本均值差的抽样分布是检验的理论基础。若两个样本的均值差记为 $\overline{x_1} - \overline{x_2}$，两个总体的均值差记为 $\mu_1 - \mu_2$，则两样本均值差服从正态分布，即 $\overline{x_1} - \overline{x_2} \sim N(\mu_1 - \mu_2, \ \sigma^2_{\overline{x_1} - \overline{x_2}})$。当两总体方差 σ_1^2 和 σ_2^2 未知但由经验可知相等时，$\sigma^2_{\overline{x_1} - \overline{x_2}}$ 的理论估计为 $\sigma^2_{\overline{x_1} - \overline{x_2}} = \dfrac{S_p}{n_1} + \dfrac{S_p}{n_2}$。其中 $S_p = \dfrac{(n_1 - 1)S_1^2 + (n_2 - 1)S_2^2}{n_1 + n_2 - 2}$ 称为合并的方差；当总体方差 σ_1^2 和 σ_2^2 未知且不相等时，$\sigma^2_{\overline{x_1} - \overline{x_2}}$ 的理论估计为 $\sigma^2_{\overline{x_1} - \overline{x_2}} = \dfrac{S_1^2}{n_1} + \dfrac{S_2^2}{n_2}$，其中，$n_1$、$n_2$ 分别为两样本的样本量。

据样本均值差的抽样分布可知，检验统计量 $z = \dfrac{\overline{x_1} - \overline{x_2}}{\sigma_{\overline{x_1} - \overline{x_2}}}$ 服从标准正态分布。由于只能得到抽样分布方差的理论估计值，根据原假设，检验统计量 $t = \dfrac{\overline{x_1} - \overline{x_2}}{\sigma_{\overline{x_1} - \overline{x_2}}}$。当两总体方差未知且相等时，$t$ 统计量服从有 $n_1 + n_2 - 2$ 个自由度的 t 分布。当两总体方差未知且不相等时，Welch 提出仍可采用 $\dfrac{\overline{x_1} - \overline{x_2}}{\sigma_{\overline{x_1} - \overline{x_2}}}$ 作为检验统计量，通常称之为 t 化统计量，t 化统计量服从 $df = \dfrac{\left(\dfrac{S_1^2}{n_1} + \dfrac{S_2^2}{n_2}\right)^2}{\dfrac{\left(\dfrac{S_1^2}{n_1}\right)^2}{n_1 - 1} + \dfrac{\left(\dfrac{S_2^2}{n_2}\right)^2}{n_2 - 1}}$ 个自由度的 t 分布，可依据 t 分布进行决策，这又称为 Welch 调整。

t 检验的函数为：

t. test(数值型域名 ~ 因子, data = 数据框名, paired = FALSE, var. equal = TRUE/

FALSE，mu＝检验值，alternative＝检验方向）。

式中，数值型域名~因子是 R 公式的表示，数据组织在 data 指定的数据框中。因子只有两个水平分别标识不同总体。参数 paired＝FALSE 表明观测样本为独立样本。参数 var. equal 取 TRUE 表示两总体方差未知但相等，取 FALSE 表示两总体方差未知且不相等。参数 mu 用于指定两总体均值差的检验值，省略时默认为零。参数 alternative 用于指定检验方向，取 two. sided 表示双侧检验，取 less 或 greater 表示单侧检验，省略时默认为双侧检验。

#若方差相同

t. test(temp~month，data＝Tmp，paired＝FALSE，var. equal＝TRUE)

#若方差不同

t. test(temp~month，data＝Tmp，paired＝FALSE，var. equal＝FALSE)

levene's 方差同质性检验的原假设是两总体方差无显著差异。levene's 方法主要借助单因素方差分析方法来实现，R 实现 levene's 方差同质性检验的函数是 car 包中的 leveneTest 函数，基本书写格式为：

leveneTest(数值型向量，因子，center＝mean)

式中，因子有两个水平，分别标识两个总体；参数 center＝mean 表示根据上述基本思路，计算与均值的绝对离差。事实上，center 还可以取 median，表示计算与中位数的绝对离差。

第二节　两配对样本的均值检验

理论依据：由于配对样本的各观测具有一一对应关系，因此可将两个样本以观测为依据作差，得到差值样本，并检验差值样本的均值与零是否有显著差异。若差值样本的均值与零有显著差异，则可以认为配对样本来自的两个总体的均值差在统计上显著。反之，若差值样本的均值与零无显著差异，则可以认为配对样本来自的两个总体的均值差在统计上不显著。所以，两配对样本的均值检验问题本质上是一个总体的均值检验问题，即用样本均值检验样本来自的总体均值是否为某个检验值。此时需关注样本均值的抽样分布。若样本均值记为 $\bar{x}$，总体均值记为 μ，总体方差记为 σ^2，样本量记为 n，则样本均值服从正态分布，即 $\bar{x} \sim N\left(\mu, \dfrac{\sigma^2}{n}\right)$。

两配对样本均值检验的原假设为：两总体均值之差为零，差值样本来自的差值总体均值为零，也即两总体均值无显著差异。依据样本均值的抽样分布，检验统计量 $z=\dfrac{\bar{x}}{\sigma/n}$ 服从标准正态分布。因通常总体方差未知，故只能用样本方差 S 作为估计值。依据原假设，检验统计量为：$t=\dfrac{\bar{x}}{S/n}$。对于差值样本，检验统计量为 $t=\dfrac{D}{S_D/n}$。其中，D 为差值样本的均值差；S_D 为差值样本的样本标准差；n 为样本量。t 统计量服从 $n-1$ 个自由度的 t 分布。

常用的函数(表 2-1)有：

t. test(数值型向量名 1, 数值型向量名 2, paired = TRUE, alternative = 检验方向)

式中，两个数值型向量分别存放两个配对样本的观测数据；参数 paired = TRUE 表明观测样本为配对样本；参数 alternative 说明检验方向，取 two. sided 表示双侧检验，取 less 或 greater 表示单侧检验，省略时默认为双侧检验。

t. test(数值型向量名, mu = 检验值, alternative = 检验方向)

式中，参数 mu 用于指定单个总体均值的检验值；参数 alternative 说明检验方向，取 two. sided 表示双侧检验，取 less 或 greater 表示单侧检验，省略时默认为双侧检验。

表 2-1　常用函数名及功能

函数名	功能
leveneTest(数值型向量，因子，center-mean)	方差齐性检验
t. test(数值型向量名 1, 数值型向量名 2, paired = TRUE, alternative = 检验方向)	两配对样本的均值检验
t. test(数值型向量名, mu = 检验值, alternative = 检验方向)	单样本的均值检验
pwr. t. test(d = 效应量, n = 样本量, sig. level = 显著性水平, power = 统计功效, type = 检验类型, alternative = 检验方向)	两独立样本均值检验的功效分析(样本量相同)
pwr. t2n. test(d = 效应量, n1 = 样本量 1, n2 = 样本量 2, sig. level = 显著性水平, power = 统计功效, type = two. sample, alternative = 检验类型)	两独立样本均值检验的功效分析(样本量不同)
pwr. r. test(r = 相关系数, n = 样本量, sig. level = 显著性水平, power = 统计功效, alternative = 检验方向)	相关系数检验的功效分析
pwr. chisq- test(w = 效应量, n = 样本量, df = 自由度, sig. level = 显著性水平, power = 统计功效)	列联表卡方检验的功效分析
ES. w2(期望百分比矩阵)	计算效应量
wilcox. test(数值型域名 = 因子, data = 数据框名)	两独立样本的 Wilcoxon 秩和检验
ks. test(数值型向量 1, 数值型向量 2)	柯尔莫克洛夫-斯米诺夫检验
wilcox. test(数值型向量 1, 数值型向量 2, paired = TRUE)	两配对样本 Wilcoxon 符号秩检验
oneway _test(数值型域名 = 因子, data = 数据框名, distribution = 分布形式)	两样本均值差的置换检验
spearman _test(数值型域名 1~数值型域名 2, data = 数据框名, distribution = 分布形式)	相关系数的置换检验
chisq _test(因子 1~因子 2, data = 数据框名, distribution = 分布形式)	列联表卡方置换检验

续表

函数名	功能
wilcoxsign _test(数值型域名 1~数值型域名 2, data=数据框名, distribution=分布形式)	两配对样本均值置换检验
boot(data=数据集, statistics=用户自定义函数名, R=自举重复次数 M)	自举法

第三节　均值比较举例

一、单个样本平均数的假设测验

out<-c(35.6, 37.6, 33.4, 35.1, 32.7, 36.8, 35.9, 34.6)　# 现自外地引入一高产小麦品种, 在 8 个小区种植的千粒重(g)

mean(out)　# 计算平均值

sd(out)　# 计算标准差

quantile(out)　# 计算四分位数点

t. test(out, mu=34)　# 与当地春小麦良种的千粒重 34 g 间的显著性检验

计算结果如下:

```
> t. test(out, mu=34)
    One Sample t-test
data: out
t=2.0911, df=7, p-value=0.07485
alternative hypothesis: true mean is not equal to 34
95 percent confidence interval:
33.84137   36.58363
sample estimates:
mean of x
35.2125
```

结论: 单样本均值检验结果表明, $t=2.0911$, $p=0.0749$, 大于 0.05, 差异不显著, 说明新引入品种的千粒重与当地良种无显著差异。

二、两独立样本的均值检验

y1=c(400, 420, 435, 460, 425)　# 30 万苗密度下 5 块稻田的亩产量

y2=c(450, 440, 445, 445, 420)　# 50 万苗密度下 5 块稻田的亩产量

t. test(y1, y2)　# 两种密度下稻田亩产量的假设测验(成组数据)

计算结果如下:

```
> t. test(y1, y2)
```

WelchTwo Sample t-test

data：y1 and y2

t=-1.0776, df=6.1086, p-value=0.3219

alternative hypothesis：true difference in means is not equal to 0

95 percent confidence interval：

-39.13071　15.13071

sample estimates：

mean of x mean of y

　428　　　440

结论：两样本均值检验结果表明，$t=-1.0776$，$p=0.3219$，大于 0.05，差异不显著，说明两种密度下稻田亩产量无显著差异。

三、两配对样本的均值检验

a1=c(10, 13, 8, 3, 5, 20, 6)　#A 处理病毒在番茄上产生的病痕数目

a2=c(25, 12, 14, 15, 12, 27, 18)　# B 处理病毒在番茄上产生的病痕数目

t. test(a1, a2, paired=T)　# 成对数据的假设测验

计算结果如下：

>t. test(a1, a2, paired=T)

Paired t-test

data：a1 and a2

t=-4.1499, df=6, p-value=0.006012

alternative hypothesis：true mean difference is not equal to 0

95 percent confidence interval：

-13.171208　-3.400221

sample estimates：

mean difference

-8.285714

结论：两个配对样本均值检验结果表明，$t=-4.1499$，$p=0.006012$，小于 0.05，差异极显著，说明两种处理方法存在极显著差异。

第三章 方差分析

第一节 方差分析基础

方差分析(analysis of variance,缩写为 ANOVA)是数理统计学中常用的数据处理方法之一,是工农业生产和科学研究中分析试验数据的一种有效的工具,也是开展试验设计、参数设计和容差设计的数学基础。

一个复杂的事物,其中往往有许多因素互相制约又互相依存。方差分析的目的是通过数据分析找出对该事物有显著影响的因素,各因素之间的交互作用,以及显著影响因素的最佳水平等。方差分析就是将总变异剖分为各个变异来源的相应部分,从而发现各变异原因在总变异中相对重要程度的一种统计分析方法。$k(k \geq 3)$ 个样本平均数的假设测验方法,即方差分析。其中,扣除了各种试验原因所引起的变异后的剩余变异提供了试验误差的无偏估计,作为假设测验的依据。

方差分析是在可比较的数组中,把总变异分解为各个变异来源的相应变异,首先必须将总自由度和总平方和分解为各个变异来源的相应部分。因此,自由度和平方和的分解是方差分析的第一步。在方差分析的体系中,F 测验可用于检测某项变异因素的效应或方差是否真实存在。在此测验中,如果作为分子的均方小于作为分母的均方,则 $F < 1$;此时不必查 F 表即可确定 $P > 0.05$,应接受 H_0。对一组试验数据通过平方和与自由度的分解,将所估计的处理均方与误差均方做比较,由 F 测验推论处理间有显著差异,为了进一步了解哪些处理间存在真实差异,故需做处理平均数间的比较。一个试验中 k 个处理平均数间可能有 $k(k-1)/2$ 个比较,因而这种比较是复式比较,亦称为多重比较(multiple comparisons)。通过方差分析后进行平均数间的多重比较,不同于处理间两两单独比较。多重比较有多种方法,常用的有三种:最小显著差数法、复极差法(q 法)和 Duncan 新复极差法。

广义的方差分析分为以下几类方法。

①单因素方差分析(1-way ANOVA)。

②双因素方差分析(2-way ANOVA)与多因素方差分析(N-way ANOVA)。

③协方差分析(ANCOVA)。

④多响应方差分析(MANOVA)。

⑤重复测量(repeated measures)。

第二节　方差分析步骤

方差分析步骤如下：

第一步：因变量 y 的正态性检验和独立性检验。

正态性检验方法：

图示法：Q-Q 图、P-P 图。

检验法：Shapiro-Wilk 检验、K-S 检验[原假设：服从正态分布，p-value >0.05（因情况而定）不拒绝原假设，服从正态分布]。

第二步：提出假设。

第三步：检验假设，不拒绝原假设，因子对观测值影响差异不显著，分析结束。拒绝原假设，因子对观测值影响差异显著，继续分析。

第四步：效应量分析。

第五步：多重比较。

第六步：方差齐性检验。

第三节　R 进行方差分析的函数及主要参数介绍

aov( ) 函数的语法为 aov(formula，data = dataframe)。表达式可以使用的特殊符号及用途见表 3-1。

表 3-1　formula 特殊符号及用途

符号	用途
~	分隔符，左边为响应变量(因变量)，右边为解释变量(自变量)
:	表示预测变量的交互项
*	表示所有可能的交互项
^	表示交互项达到某个次数
.	表示包含除因变量外所有变量

表 3-2　常见的实验设计的表达式

设计	表达式
单因素 ANOVA	Y ~ A
含单个协变量的单因素 ANOVA	Y ~ x+A
双因素 ANOVA	Y ~ A * B
含两个协变量的双因素 ANOVA	Y ~ x1+x2+A * B
随机区组 ANOVA	Y ~ B+A(B 是区组)
单因素组内 ANOVA	Y ~
含单个组内因子(W)和单个组间因子的重复测量 ANOVA	Y ~ A+Error(subject/A)

第四节 单因素方差分析

```
data(iris)#导入 R 自带的 Iris 数据
aov1 <- aov(Sepal. Length~Species, iris)#Species"因素", Length 是结果变量。
aov1
summary(aov1)
```
运行结果:

```
> aov1
Call:
    aov(formula=Sepal. Length ~Species, data=iris)

Terms:
```

	Species	Residuals
Sum of Squares	63. 21213	38. 95620
Deg. of Freedom	2	147

```
Residual standarderror: 0. 5147894
Estimated effects may be unbalanced
> summary(aov1)
```

	Df	Sum	Sq Mean	Sq F value	Pr(>F)
Species	2	63. 21	31. 606	119. 3	<2e-16 ***
Residuals	147	38. 96	0. 265		

—

Signif. codes: 0' *** ' 0.001' ** ' 0.01' * ' 0.05'.' 0.1' '1

```
#使用 TukeyHSD( )函数进行组间花瓣长度均值的, 两两差异研究。
tukey <- TukeyHSD(aov1)
tukey
```
运行结果:

```
> tukey <- TukeyHSD(aov1)
> tukey
    Tukey multiple comparisons of means
        95% family-wise confidence level
Fit: aov(formula=Sepal. Length~Species, data=iris)
$ Species
```

	diff	lwr	upr	p adj
versicolor-setosa	0. 930	0. 6862273	1. 1737727	0
virginica-setosa	1. 582	1. 3382273	1. 8257727	0
virginica-versicolor	0. 652	0. 4082273	0. 8957727	0

```
tukey = as. data. frame( tukey $ Species)
tukey $ pair = rownames( tukey)
tukey
```

运行结果：

```
> tukey = as. data. frame( tukey $ Species)
> tukey $ pair = rownames( tukey)
> tukey
```

	diff	lwr	upr	p adj	pair
versicolor−setosa	0.930	0.6862273	1.1737727	3.386180e−14	versicolor−setosa
virginica−setosa	1.582	1.3382273	1.8257727	2.997602e−15	virginica−setosa
virginica−versicolor	0.652	0.4082273	0.8957727	8.287558e−09	virginica−versicolor

######多重比较结果图

```
install. packages( "ggplot2")
library( ggplot2)
ggplot( tukey, aes( colour = cut( 'p adj', c( 0, 0.01, 0.05, 1),
    label = c( "p<0.01", "p<0.05", "Non−Sig")))) +
    theme_bw( base_size = 16) +
    geom_hline( yintercept = 0, lty = "11", size = 1) +
    geom_errorbar( aes( pair, ymin = lwr, ymax = upr), width = 0.2, size = 1) +
    geom_point( aes( pair, diff), size = 1) +
    labs( colour = "") +
    theme( axis. text. x = element_text( size = 10))
```

运行结果如图 3-1 所示。

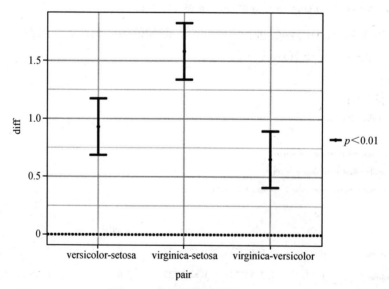

图 3-1 多重比较结果图

第五节 多因素方差分析

######导入数据

data(ToothGrowth)

psych：：headtail(ToothGrowth)

运行结果：

> psych：：headtail(ToothGrowth)

	len	supp	dose
1	4.2	VC	0.5
2	11.5	VC	0.5
3	7.3	VC	0.5
4	5.8	VC	0.5
------------	<NA>	------------	
57	26.4	OJ	2
58	27.3	OJ	2
59	29.4	OJv2	
60	23	OJ	2

Warning message：

headtail is deprecated. Please use the headTail function

######将抗坏血酸浓度数据转化为因子变量

ToothGrowth $ dose <-factor(ToothGrowth $ dose, levels=c(0.5, 1, 2),

labels=c("d0.5", "d1", "d2"))

summary(ToothGrowth)

运行结果：

> summary(ToothGrowth)

len		supp	dose
Min. ：	4.20	OJ：30	d0.5：20
1st Qu. ：	13.07	VC：30	d1：20
Median：	19.25		d2：20
Mean：	18.81		
3rd Qu. ：	25.27		
Max. ：	33.90		

str(ToothGrowth)

运行结果如下:

```
> str(ToothGrowth)
```

data. frame': 60 obs. of 3 variables:

$ len : num 4.2 11.5 7.3 5.8 6.4 10 11.2 11.2 5.2 7…

$ supp: Factor w/ 2 levels "OJ","VC": 2 2 2 2 2 2 2 2 2 2…

$ dose: Factor w/ 3 levels "d0.5","d1","d2": 1 1 1 1 1 1 1 1 1 1…

```
aov2 <- aov(len~dose+supp, data=ToothGrowth) #2 因素(多因素)方差分析
aov2
```

运行结果如下:

```
> aov2
Call:
  aov(formula=len~dose+supp, data=ToothGrowth)
```

Terms:

	dose	supp	Residuals
Sum of Squares	2426.434	205.350	820.425
Deg. of Freedom	2	1	56

Residual standard error: 3.82759

Estimated effects may be unbalanced

```
summary(aov2)
```

运行结果如下:

```
> summary(aov2)
```

	Df	Sum Sq	Mean Sq	F value	Pr(>F)	
dose	2	2426.4	1213.2	82.81	< 2e-16	***
supp	1	205.4	205.4	14.02	0.000429	***
Residuals	56	820.4	14.7			

—

Signif. codes: 0 '***' 0.001 '**' 0.01 '*' 0.05 '.' 0.1 ' ' 1

第六节　有交互作用的多因素方差分析

```
aov3 <- aov(len~dose * supp, data=ToothGrowth)
summary(aov3)
aov3
```

运行结果如下：

```
> aov3
```

Call：

aov(formula = len ~ dose * supp, data = ToothGrowth)

Terms：

	dose	supp	dose：supp	Residuals
Sum of Squares	2426. 434	205. 350	108. 319	712. 106
Deg. of Freedom	2	1	2	54

Residual standar derror：3. 631411

Estimated effects may be unbalanced

######绘制两因素互作图

attach(ToothGrowth)

interaction. plot(supp, dose, len, type = "b", col = c(1：3),

  leg. bty = "o", leg. bg = "beige", lwd = 2, pch = c(18, 24, 22),

  xlab = "supp",

  ylab = "len",

  main = "Interaction Plot")

运行结果如图 3-2 所示。

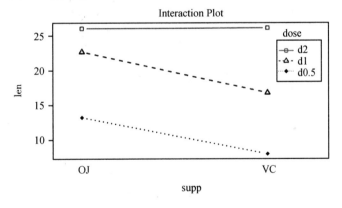

图 3-2　两因素互作图

绘制带误差条的均数

library(gplots)

attach(ToothGrowth)

plotmeans(len ~ supp, xlab = "supp", ylab = "len", main = "Mean Plot \\ nwith 95%

CI")

运行结果如图 3-3 所示。

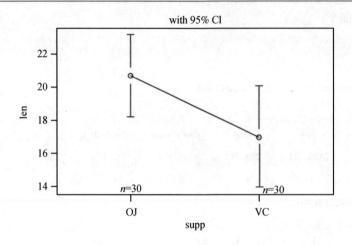

图 3-3　均数比较(按照 supp)

plotmeans(len ~ dose，xlab = " supp"，ylab = " len"，main = " MeanPlot \\ nwith 95% CI")

运行结果如图 3-4 所示。

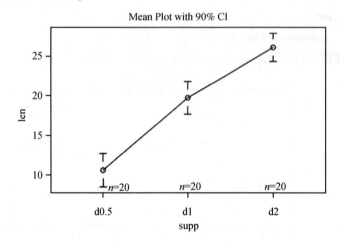

图 3-4　均数比较(按照 dose)

第七节　其他多重比较方法

一、LSD 法

LSD 法即最小显著差法，该法一般用于计划好的多重比较。它其实只是 t 检验的一个简单变形，并未对检验水准做出任何校正，只是为所有组的均数统一估计了一个更为稳健的标准误。LSD 法比较效果较为灵敏，在 R 语言中可利用 agricolae 包中的 LSD. test 函数实现，其调用格式为：

LSD. test (y, trt, DFerror, MSerror, alpha = 0. 05, p. adj = c (" none " ," holm ", " hommel ", " hochberg ", " bonferroni ", " BH ", " BY ", " fdr "), …)

其中 y 为方差分析对象，trt 为要进行多重比较的分组变量，p. adj 可以选定 P 值矫正方法。当 p. adj = " none " 时，为 LSD 法，p. adj = " bonferroni " 时，为 Bonferroni 法。

```
install. packages( "agricolae" )
library( agricolae)
data( sweetpotato)    # sweetpotato 为 agricolae 自带数据集
#进行多重比较，不矫正 P 值
out <- LSD. test( aov3,"dose", p. adj = "none" )
out
out $ group   # 结果显示：标记字母法
plot( out)    # 可视化
```

运行结果(图 3-5) 如下：

```
> out
$ statistics
```

MSerror	Df	Mean	CV	t. value	LSD
13. 18715	54	18. 81333	19. 30233	2. 004879	2. 302309

```
$ parameters
```

test	p. ajusted	name.	t	ntr	alpha
Fisher-LSD	none	dose		3	0. 05

```
$ means
```

	len	std	r	se	LCL	UCL	Min	Max	Q25	Q50	Q75
d0. 5	10. 605	4. 499763	20	0. 8120083	8. 977021	12. 23298	4. 2	21. 5	7. 225	9. 85	12. 250
d1	19. 735	4. 415436	20	0. 8120083	18. 107021	21. 36298	13. 6	27. 3	16. 250	19. 25	23. 375
d2	26. 100	3. 774150	20	0. 8120083	24. 472021	27. 72798	18. 5	33. 9	23. 525	25. 95	27. 825

```
$ comparison
NULL


$ groups
```

	len	groups
d2	26. 100	a
d1	19. 735	b
d0. 5	10. 605	c

attr(,"class")

[1] "group"

> out2 $ group

```
        len groups
OJ     20.66333    a
VC     16.96333    b
```

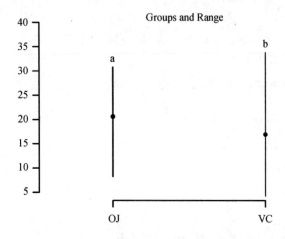

图 3-5　对 dose 的多重比较(LSD 法)

同理,对 supp 各水平均值比较

out2 <- LSD. test(aov3,"supp", p. adj = "none")

out2

out2 $ group # 结果显示:标记字母法

plot(out2) # 可视化

运行结果(图 3-6)如下:

> out2 $ group

```
        len     groups
OJ    20.66333    a
VC    16.96333    b
```

> out2

$ statistics

```
 MSerror   Df    Mean       CV       t. value     LSD
13.18715   54   18.81333   19.30233   2.004879   1.879828
```

$ parameters

```
    test p. ajusted name.  t ntr alpha
  Fisher-LSD   none   supp   2   0.05
```

$ means

	len	std	r	se	LCL	UCL	Min	Max	Q25	Q50	Q75
OJ	20.66333	6.605561	30	0.663002	19.33409	21.99257	8.2	30.9	15.525	22.7	25.725
VC	16.96333	8.266029	30	0.663002	15.63409	18.29257	4.2	33.9	11.200	16.5	23.100

$ comparison
NULL

$ groups

	len	groups
OJ	20.66333	a
VC	16.96333	b

attr(,"class")
[1] "group"

> out2 $ group

	len	groups
OJ	20.66333	a
VC	16.96333	b

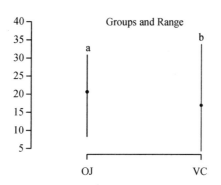

图 3-6　对 **supp** 的多重比较(**LSD** 法)

二、Bonferroni 法

Bonferroni 法是 Bonferroni 校正在 LSD 法上的应用。将 LSD. test 中 p. adj 设置为"bonferroni"即为 Bonferroni 法。

library(agricolae)

data(sweetpotato) # sweetpotato 为 agricolae 自带数据集

out3 <- LSD. test(aov3,"dose", p. adj = "bonferroni") #进行多重比较,不矫正 P 值

out3

　out3 $ group # 结果显示: 标记字母法

plot(out3) # 可视化

运行结果(图3-7)如下：

```
> out3
$ statistics
 MSerror   Df    Mean       CV      t. value     MSD
13. 18715   54  18. 81333  19. 30233  2. 470848  2. 837406


$ parameters
     test p.  ajusted  name.  t ntr  alpha
   Fisher-LSD bonferroni  dose  3   0. 05


$ means
           len       std     r      se        LCL        UCL      Min   Max    Q25      Q50      Q75
d0. 5   10. 605  4. 499763  20  0. 8120083  8. 977021  12. 23298  4. 2  21. 5  7. 225   9. 85   12. 250
 d1     19. 735  4. 415436  20  0. 8120083  18. 107021  21. 36298  13. 6  27. 3  16. 250  19. 25  23. 375
 d2     26. 100  3. 774150  20  0. 8120083  24. 472021  27. 72798  18. 5  33. 9  23. 525  25. 95  27. 825
$ comparison
NULL
$ groups
           len    groups
d2      26. 100    a
d1      19. 735    b
d0. 5   10. 605    c


attr( ,"class" )
[ 1 ] "group"


> out3 $ group
           len    groups
d2      26. 100    a
d1      19. 735    b
d0. 5   10. 605    c
```

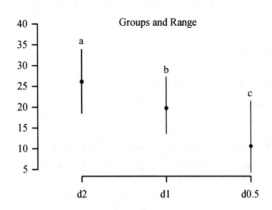

图3-7　对 dose 的多重比较(Bonferroni 法)

out4 <- LSD. test(aov3 ," supp" , p. adj=" bonferroni")

out4

out4 $ group # 结果显示：标记字母法

plot(out4) # 可视化

运行结果(图 3-8) 如下：

```
> out4
$ statistics
 MSerror    Df     Mean       CV      t. value     MSD
13. 18715   54   18. 81333  19. 30233  2. 004879  1. 879828


$ parameters
    test p. ajusted name.  t ntr alpha
  Fisher-LSD bonferroni supp  2   0. 05


$ means
        len        std       r      se       LCL        UCL      Min   Max    Q25      Q50      Q75
OJ   20. 66333  6. 605561   30  0. 663002  19. 33409  21. 99257  8. 2  30. 9  15. 525  22. 7  25. 725
VC   16. 96333  8. 266029   30  0. 663002  15. 63409  18. 29257  4. 2  33. 9  11. 200  16. 5  23. 100
$ comparison
NULL
$ groups
        len       groups
OJ   20. 66333     a
VC   16. 96333     b


attr( ," class" )
[ 1 ] " group"


> out4 $ group
        len       groups
OJ   20. 66333     a
VC   16. 96333     b
```

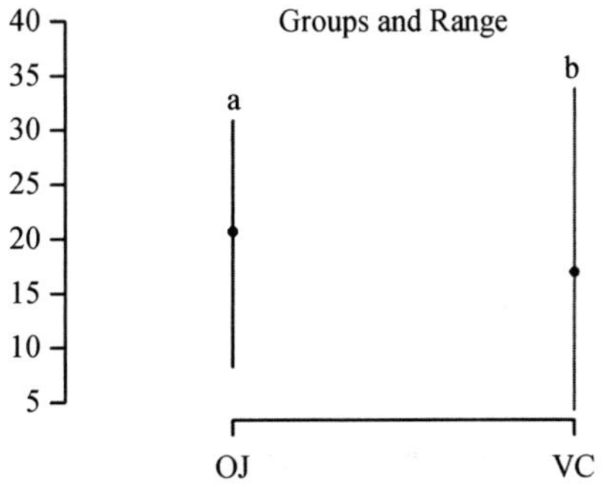

图 3-8 对 supp 的多重比较(Bonferroni 法)

三、Dunnett 检验

Dunnett 检验用于多个试验组与一个对照组间的比较。R 语言中可利用 multcomp 包中的 glht() 函数进行包括 Dunnett 检验在内的多种检验，其调用格式为：

glht(model, linfct, alternative = c("two. sided", "less", "greater"), ...)

其中 model 为方差分析对象，linfct 设置要进行多重比较的分组变量和方法。

install. packages("multcomp")

library(multcomp)

rht <- glht(aov2, linfct = mcp(supp = "Dunnett"), alternative = "two. side")

summary(rht)

> summary(rht)

　　Simultaneous Tests for General Linear Hypotheses

Multiple Comparisons of Means：Dunnett Contrasts

Fit：aov(formula = len ~ dose + supp, data = ToothGrowth)

Linear Hypotheses：

　　Estimate Std. Error t value Pr(>|t|)

VC- J==0   -3. 7000   0. 9883   -3. 744   0. 000429 ***

——

Signif. codes：0 ' *** ' 0. 001 ' ** ' 0. 01 ' * ' 0. 05 '.' 0. 1 ' ' 1

(Adjusted p values reported -- single-step method)

Dunnett 检验结果见图 3-9。

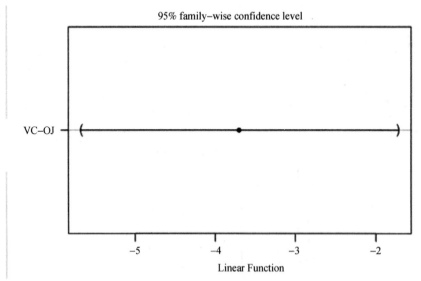

图 3-9　Dunnett 检验结果

四、SNK 法(Student-Newman-Keuls)

SNK 法实质上是根据预先制定的准则将各组均数分为多个子集,利用 Studentized Range 分布来进行假设检验。推荐优先用 Tukey 检验。

SNK 法可用 agricolae 包中的 SNK. test( )函数实现,其调用格式为:

SNK. test(y, trt, alpha= 0. 05, …)

其中 y 为方差分析对象, trt 为要进行多重比较的分组变量

R 代码:

```
library(agricolae)
out5 <- SNK. test(aov3,"dose")
out5
out5 $ group #结果显示: 标记字母法
plot(out5)
```

运行结果(图 3-10)如下:

```
> out5
$ statistics
  MSerror    Df      Mean         CV
13. 18715   54   18. 81333   19. 30233

$ parameters
  test name.  t ntr alpha
    SNK dose 3 0. 05

$ snk
Table    Critical     Range
  2    2. 835327   2. 302309
  3    3. 408232   2. 767512

$ means
          len       std       r      se        Min    Max    Q25      Q50     Q75
d0. 5   10. 605   4. 499763   20   0. 8120083   4. 2   21. 5   7. 225   9. 85   12. 250
  d1    19. 735   4. 415436   20   0. 8120083   13. 6   27. 3   16. 250   19. 25   23. 375
  d2    26. 100   3. 774150   20   0. 8120083   18. 5   33. 9   23. 525   25. 95   27. 825

$ comparison
NULL

$ groups
        len       groups
  d2    26. 100     a
  d1    19. 735     b
d0. 5   10. 605     c
```

attr(,"class")

[1] "group"

> out5 $ group

	len	groups
d2	26.100	a
d1	19.735	b
d0.5	10.605	c

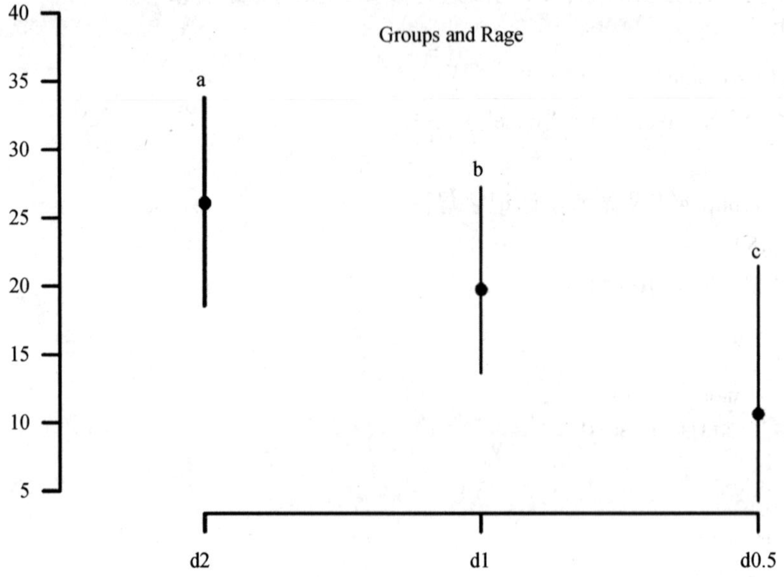

图 3-10　对 dose 的多重比较(SNK 法)

五、Turkey 检验

Turkey 检验使用学生化的范围统计量进行组间所有成对比较。

Tukey 的检验特点:

①所有各组的样本数相等;

②各组样本均数之间的全面比较;

③可能产生较多的假阴性结论。

R 中 Turkey 检验的函数为 TukeyHSD(model),其调用格式为:

TukeyHSD(model),其中 model 为方差分析对象

R 代码:

```
tuk = TukeyHSD(aov3)
tuk
plot(tuk)
```

运行结果(图 3-11)如下:

> tuk

　Tukey multiple comparisons of means

95% family-wise confidence level

Fit：aov(formula = len ~ dose * supp, data = ToothGrowth)

$ dose

diff	lwr	upr	p	adj
d1-d0.5	9.130	6.362488	11.897512	0.0e+00
d2-d0.5	15.495	12.727488	18.262512	0.0e+00
d2-d1	6.365	3.597488	9.132512	2.7e-06

$ supp

diff	lwr	upr	p	adj
VC-OJ	-3.7	-5.579828	-1.820172	0.0002312

$ 'dose：supp'

diff	lwr	upr	p	adj
d1：OJ-d0.5：OJ	9.47	4.671876	14.2681238	0.0000046
d2：OJ-d0.5：OJ	12.83	8.031876	17.6281238	0.0000000
d0.5：VC-d0.5：OJ	-5.25	-10.048124	-0.4518762	0.0242521
d1：VC-d0.5：OJ	3.54	-1.258124	8.3381238	0.2640208
d2：VC-d0.5：OJ	12.91	8.111876	17.7081238	0.0000000
d2：OJ-d1：OJ	3.36	-1.438124	8.1581238	0.3187361
d0.5：VC-d1：OJ	-14.72	-19.518124	-9.9218762	0.0000000
d1：VC-d1：OJ	-5.93	-10.728124	-1.1318762	0.0073930
d2：VC-d1：OJ	3.44	-1.358124	8.2381238	0.2936430
d0.5：VC-d2：OJ	-18.08	-22.878124	-13.2818762	0.0000000
d1：VC-d2：OJ	-9.29	-14.088124	-4.4918762	0.0000069
d2：VC-d2：OJ	0.08	-4.718124	4.8781238	1.0000000
d1：VC-d0.5：VC	8.79	3.991876	13.5881238	0.0000210
d2：VC-d0.5：VC	18.16	13.361876	22.9581238	0.0000000
d2：VC-d1：VC	9.37	4.571876	14.1681238	0.0000058

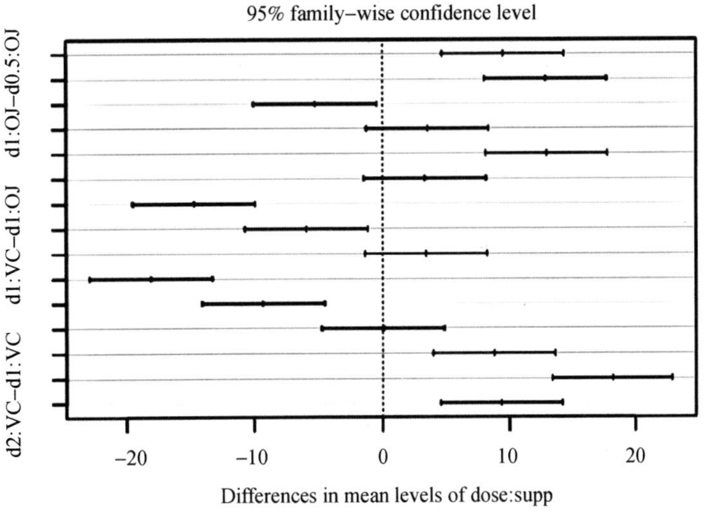

图 3-11　Turkey 检验结果

六、Duncan 法（SSR 新复极差法）

指定一系列的"range"值，逐步进行计算比较得出结论。Duncan 法可用 agricolae 包中的 duncan. test( )函数实现，其调用格式为：

duncan. test(y, trt, …)

其中，y 为方差分析对象，trt 为要进行多重比较的分组变量

out6 <-duncan. test（aov3,"dose"）# model 为方差分析对象

out6

out6 $ group # 结果显示：标记字母法

plot(out6) # 可视化

运行结果(图 3-12)如下：

```
> out6
$ statistics
  MSerror   Df    Mean      CV
 13. 18715   54  18. 81333  19. 30233

$ parameters
    test name.  t ntr alpha
  Duncan   dose   3   0. 05

$ duncan
Table    Critical    Range
  2    2. 835327   2. 302309
  3    2. 982372   2. 421711

$ means
        len      std      r      se      Min    Max    Q25     Q50    Q75
d0. 5  10. 605  4. 499763  20  0. 8120083  4. 2   21. 5   7. 225   9. 85   12. 250
d1     19. 735  4. 415436  20  0. 8120083  13. 6  27. 3   16. 250  19. 25  23. 375
d2     26. 100  3. 774150  20  0. 8120083  18. 5  33. 9   23. 525  25. 95  27. 825

$ comparison
NULL
$ groups
        len    groups
 d2    26. 100     a
 d1    19. 735     b
d0. 5  10. 605     c

attr( ,"class" )
[ 1 ] "group"

> out6 $ group
```

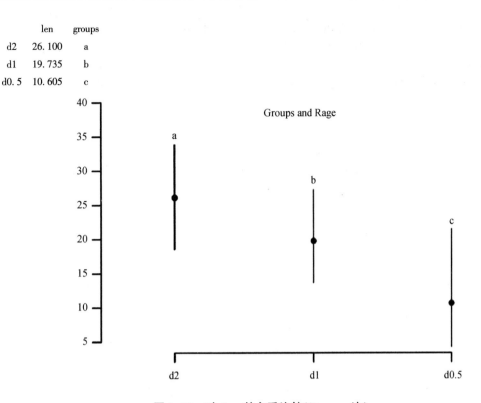

	len	groups
d2	26.100	a
d1	19.735	b
d0.5	10.605	c

图 3-12　对 dose 的多重比较(Duncan 法)

七、Scheffe 检验

Scheffe 检验为均值的所有可能的成对组合执行并发的联合成对比较。使用 F 取样分布,可用来检查组均值的所有可能的线性组合,而非仅限于成对组合。

Scheffe 检验特点:

①各组样本数相等或不等均可以,但是以各组样本数不相等使用较多;

②如果比较的次数明显地大于均数的个数时,Scheffe 法的检验功效可能优于 Bonferroni 法;

③Scheffe 法可用 agricolae 包中的 scheffe. test() 函数实现,其调用格式为:

duncan. test(y, trt, …)

其中,y 为方差分析对象,trt 为要进行多重比较的分组变量。

R 代码:

out7 <-scheffe. test(aov3,"dose") # model 为方差分析对象

out7

out7 $ group #结果显示:标记字母法

plot(out7) # 可视化

运行结果(图 3-13)如下:

```
$ statistics
MSerror    Df      F       Mean      CV       Scheffe    Critical Difference
13. 18715  54   3. 168246  18. 81333  19. 30233  2. 517239      2. 890679
$ parameters
       test name.  t ntr alpha
   Scheffe    dose   3   0. 05
$ means
           len      std       r    se       Min   Max    Q25      Q50     Q75
d0. 5   10. 605   4. 499763   20   0. 8120083  4. 2   21. 5   7. 225    9. 85   12. 250
  d1    19. 735   4. 415436   20   0. 8120083  13. 6   27. 3   16. 250   19. 25   23. 375
  d2    26. 100   3. 774150   20   0. 8120083  18. 5   33. 9   23. 525   25. 95   27. 825
$ comparison
NULL
$ groups
         len    groups
  d2   26. 100     a
  d1   19. 735     b
d0. 5  10. 605     c
attr( ," class" )
[ 1 ] " group"


> out7 $ group
         len    groups
  d2   26. 100     a
  d1   19. 735     b
d0. 5  10. 605     c
```

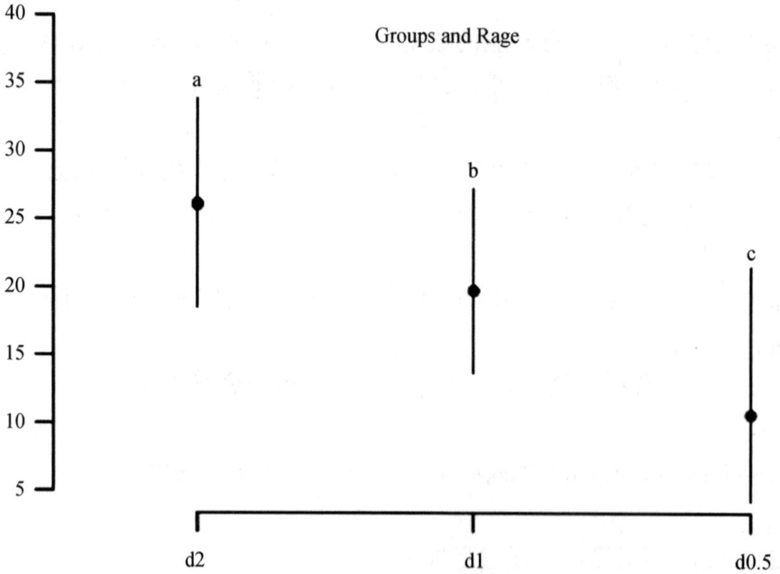

图 3-13 Scheffe 检验结果

第四章 回归分析

任何事物的存在都不是孤立的，而是相互联系、相互制约的。如身高与体重、体温与脉搏等都存在一定的联系。当变量之间呈现因果关系时可以用回归分析；当自变量和因变量之间呈现显著的线性关系时，则应采用线性回归的方法，建立因变量关于自变量的线性回归模型；根据自变量的个数，线性回归模型可分为一元线性回归模型和多元线性回归模型。同样，当自变量和因变量之间呈现显著的非线性关系时，则可建立因变量关于自变量的非线性回归模型；根据自变量的个数，非线性回归模型可分为一元线性回归模型和多元线性回归模型。

第一节 回归分析思路

一、选择回归模型

①一般线性模型被解释变量是一个服从正态分布的连续型数值变量。若研究它如何受多个数值型解释变量的影响，则选择的回归模型是一元或多元回归模型；若研究它如何受到离散型数值变量以及分类型变量的影响，则选择带有虚拟变量的回归模型。

②广义线性模型的被解释变量是 0~1 变量。若研究它如何受多个解释变量的影响，则建立 logistic 模型。若被解释变量是计数变量，如最近一个月内的购物次数，则采用泊松分布。

二、回归方程的参数估计与检验

①最小二乘估计、极大似然估计。
②回归方程的显著性、回归系数的显著性。

三、回归诊断

①回归模型对数据是有假设的，若无法满足这些假设，则方程可能因为存在很大偏差而没有意义。
②回归方程可能受到异常点的影响。是否需要在排除其影响下重新建立方程。
③多重共线性的诊断。

四、模型验证

回归方程的主要目的是预测，预测的精度或误差是模型验证的重要内容。

建立回归模型 $y = \beta_0 + \beta_1 x_1 + \beta_2 x_2 + \cdots + \varepsilon$，$R$ 中对应的函数为：

lm(公式，data＝数据框名)，其中公式的组成元素及含义解释如表 4-1 所示。

表 4-1　lm 函数参数 formula 符号

符号	含义
~	"~"前为被解释变量，后为解释变量
+	分割多个解释变量，如 y~x1+x2，表示分析 y 如何受 x1 和 x2 线性影响
:	两个解释变量的交互作用，如 y~x1+x2+x1：x2，表示分析 y 如何受 x1、x2 以及两者交互作用的线性影响
*	解释变量交互效应的简洁表示。如 y~x1 * x2 * x3 等同于 y~x1+x2+x3+x1：x2+x1：x3+x2：x3+x1：x2：x3
^	解释变量的交互效应到达指定阶数。如 y~(x1+x2+x3)^2 等同于 y~x1+x2+x3+x1：x2+x1：x3+x2：x3
.	解释变量是数据框中除被解释变量之外的其他所有变量。如数据框包含 y，x1，x2，x3，y~. 等同于 y~x1+x2+x3
-	剔除指定的解释变量。如 y~(x1+x2+x3) * 2—x2：x3 等同于 y~x1+x2+x3+x1：x2+x1：x3
-1	剔除截距项，建立不包含常数项的回归模型
I( )	将 I( ) 括号中的式子视为数学表达式。如 y~I((x1+x2)^2) 表示建立 y 关于 z 的回归模型，z 等于 x1，x2 和的平方
函数名	R 公式中的各项可以包含函数。如 lg(y)~x1+x2+x3，被解释变量为 y 的自然对数

对回归结果的提取可以通过以下函数实现，如表 4-2 所示。

表 4-2　lm 函数参数结果提取

summary( )	展示拟合模型的详细结果
coefficients( )	列出拟合模型的模型参数(截距项和斜率)
confint( )	提供模型参数的置信区间(默认为 95%)
fitted( )	列出拟合模型的预测值
residulas( )	列出拟合模型的残差值
anova( )	生成一个拟合模型的方差分析表，或者比较两个或更多拟合模型的方差分析表
vcov( )	列出模型参数的协方差矩阵
AIC( )	输出赤池信息统计量
plot( )	生成评价拟合模型的诊断图
predict( )	用拟合模型对新的数据集预测因变量值

第二节 多元线性回归实例

一、无交互项的线性回归

以 R 自带的 mtcars 数据为例，程序为：

```
library(MASS)#加载包
data("mtcars")加载数据
head(mtcars)#查看前6行数据
lm_m<-lm(disp~., data=mtcars)#回归分析，结果保存在 lm_m 变量名中。
lm_m
> lm_m
Call：
lm(formula= disp~., data=mtcars)
Coefficients：
(Intercept)    mpg     cyl      hp    drat     wt    qsec      vs
   -5.812    1.940   15.389   0.665   8.812  86.711  -12.974  -12.115
       am    gear    carb
   -7.914   5.127  -30.107
```

summary(lm_m)#查看回归方程的回归系数及其显著性检验结果

```
> summary(lm_m)

Call：
lm(formula= disp ~ ., data=mtcars)
Residuals：
```

Min	1Q	Median	3Q	Max
−72.28	−17.11	−0.23	18.95	55.48

Coefficients：

	Estimate	Std. Error	t value	Pr(>|t|)
(Intercept)	−5.812	228.061	−0.025	0.97991
mpg	1.940	2.598	0.747	0.46349
cyl	15.389	12.152	1.266	0.21924
hp	0.665	0.226	2.942	0.00778 **
drat	8.812	19.739	0.446	0.65987
wt	86.711	16.113	5.382	2.45e-05 ***
qsec	−12.974	8.623	−1.505	0.14730
vs	−12.115	25.258	−0.480	0.63643
am	−7.914	25.618	−0.309	0.76044

gear	5.127	18.058	0.284	0.77927
carb	−30.107	7.551	−3.987	0.00067 ***

—

Signif. codes：0 ' *** ' 0.001 ' ** ' 0.01 ' * ' 0.05 '.' 0.1 ' ' 1

Residual standard error：31.96 on 21 degrees of freedom

Multiple R-squared：0.9549, Adjusted R-squared：0.9335

F-statistic：44.51 on 10 and 21 DF, p-value：7.255e−12

　　可以看出，*wt* 和 *carb* 两个变量的回归系数在 0.001 水平差异显著，*hp* 在 0.01 水平差异显著，其与变量的回归系数不显著。上述还可以看出，回归方程的显著性检验结果为：F 值为 44.51，自由度 1 和 2 分别为 10 和 21，p 值为 $7.255×10^{-12}$，在 0.001 水平差异显著。所有自变量对依变量方差的解释率 $R^2 = 0.9549$，拟合效果佳。根据统计学可知，回归系数的含义为：一个预测变量增加一个单位，其他预测变量保持不变时，因变量将要增加的数量。

二、有交互项的线性回归

fit <- lm(mpg ~ hp + wt + hp：wt, data = mtcars) # 有交互项的线性回归
summary(fit) # 回归系数估计值及显著性检验
运行结果如下：

> summary(fit)

Call：

lm(formula = mpg ~ hp + wt + hp：wt, data = mtcars)

Residuals：

Min	1Q	Median	3Q	Max
−3.0632	−1.6491	−0.7362	1.4211	4.5513

Coefficients：

	Estimate	Std. Error	t value	Pr(>|t|)
(Intercept)	49.80842	3.60516	13.816	5.01e−14 ***
hp	−0.12010	0.02470	−4.863	4.04e−05 ***
wt	−8.21662	1.26971	−6.471	5.20e−07 ***
hp：wt	0.02785	0.00742	3.753	0.000811 ***

—

Signif. codes：0 ' *** ' 0.001 ' ** ' 0.01 ' * ' 0.05 '.' 0.1 ' ' 1

Residual standard error：2.153 on 28 degrees of freedom

Multiple R-squared：0.8848, Adjusted R-squared：0.8724

F-statistic：71.66 on 3 and 28 DF, p-value：2.981e−13

可以看到 $Pr(>|t|)$ 栏中，马力 hp 与车重 wt 单独效应及其之间的交互项均在 0.001 水平达到显著。若两个预测变量的交互项显著，说明响应变量与其中一个预测变量的关系依赖于另外一个预测变量的水平；本方程的检验 F 值为 71.66，在自由度 3 和 28 时，p 值为 2.981×10^{-13}，方程在 0.001 水平达到显著；方程解释了依变量 88.48% 的方差变异。

通过 effects 包中的 effect( ) 函数，可以用图形展示交互项的结果。

格式为：

plot(effect(term, mod, , xlevels), multiline = TRUE)

本例选第一个模型：BIC 更小

install. packages("effects")

library(effects)

plot(effect("hp：wt", fit, , list(wt = c(2.2, 3.2, 4.2))), multiline = TRUE)

从图 4-1 可以很清晰地看出，随着车重的增加，马力与汽油行驶英里(1 英里 ≈ 1.61 km)数的关系减弱了。当 $wt = 4.2$ 时，直线几乎是水平的，表明随着 hp 的增加，mpg 不会发生改变。

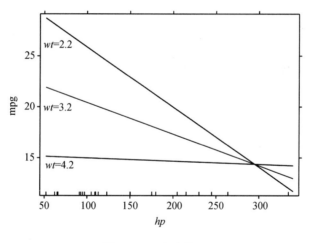

图 4-1　回归直线

第三节　回归诊断

一、独立性检验

模型中的误差项是那些与解释变量无关的因素导致的偏差，误差无法衡量，所以用残差来进行研究，残差定义为 $e_i = y_i - \hat{y} = y_i - (\beta_0 + \beta_0 x_1 + \beta_0 x_2 + \cdots + \beta_p x_p)$，是回归方程中被解释变量的拟合值(预测值)与实际观测值的差。直观上，残差是对被解释变量中无法被解释变量线性解释部分的度量。在 R 中，回归分析的拟合值存储在线性回归分析结果对象(列表)名为"fitted"的成分中，通过结果对象名"\$ fitted"的方式，可直接访问拟合值，也可调用函数 fitted(回归分析结果对象名)访问拟合值。与拟合值的存储方式类似，残差项存储在名为"residuals"的成分中，通过"结果对象名 \$ residuals"的方式，可直接访问残差项，也可调用函数 residuals(回归分析结果对象名)访问残差项。

可以从统计检验的角度考察误差项的独立性假设，如果误差项彼此不独立，则可将其表示为一阶自回归形式：$e_t = \rho e_{t-1} + u_t$。其中，u_t 是均值为零，方差为一个常数的独立序列；t 表示时间序列的 t 时刻。此时，p 应显著不为零。在此基础上构造 DW(Durbin-Watson)统计量：$DW = \dfrac{\sum_{t=2}^{n}(\hat{e}_t - \hat{e}_{t-1})^2}{\sum_{t=2}^{n}\hat{e}_t^2} \approx 2(1-\rho)$，$\rho$ 为 ρ 的估计值。可见，当满足独立性假设时，ρ 与零无显著差异，DW 值近似为 2。

car 包中的 durbinWastonTest 函数可实现以上 DW 统计量的计算以及相应的检验。基本书写格式为：

durbinWastonTest(回归分析结果对象名)

例如：

install. packages("car")

library("car")

durbinWatsonTest(lm_m) #独立性检验

运行结果如下：

```
> durbinWatsonTest(lm_m) #独立性检验
lag Autocorrelation D-W Statistic p-value
1   0.1247129   1.703945   0.16
Alternative hypothesis：rho ！ = 0
```

二、正态性与等方差性

```
######拟合值与残差值
fitted(lm_m)
residuals(lm_m)
######绘制残差图(图 4-2)
par(mfrow=c(2, 2))
plot(lm_m)
```

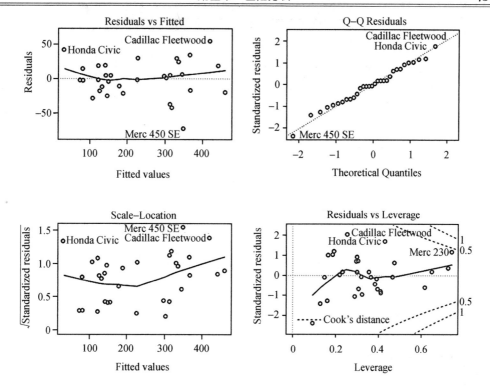

图 4-2　残差图

高杠杆值点：在解释变量方向上取异常值，在被解释变量上正常的点。

第 i 个观测的杠杆值 h 定义为：$h_i = \dfrac{1}{n} + \dfrac{(x_i - \bar{x})^2}{\sum\limits_{i=1}^{n}(x_i - \bar{x})^2}$ 可见，杠杆值反映了第 i 个观

测在解释变量 x 上的取值与 x 平均值间的差异程度。若某观测点的杠杆值 h 较大，则意味着它在解释变量方向上远离平均水平，该点在解释变量方向上远离其他大多数的观测点。杠杆值的平均值为 $\bar{h}$。

通常，如果观测的杠杆值大于 2 倍或 3 倍的 $\bar{h}$，则可认为该观测为高杠杆值点。高杠杆值的观测点会将回归方程拉向"自己"，会对回归模型的参数估计造成影响。

```
LeveragePlot<-function(fit){
    Np<-length(coefficients(fit))-1
    N<-length(fitted(fit))
    plot(hatvalues(fit), main="观测点的杠杆值序列图", ylab="杠杆值", xlab="观测编号")
    abline(2*(Np+1)/N, 0, col="red", lty=2)
    abline(3*(Np+1)/N, 0, col="red", lty=2)
    identify(1: N, hatvalues(fit), names(hatvalues(fit)))
}
par(mfrow=c(1, 1))
LeveragePlot(lm_m)
```

观测点的杠杆值序列图见图 4-3。

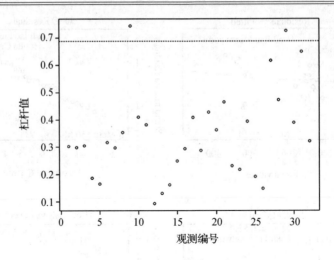

图 4-3 观测点的杠杆值序列图

离群点

rstudent( )#学生化残差

outlierTest( )#离群点

###############探测离群点

library("car")

rstudent(lm_m)

outlierTest(lm_m)

强影响点：包含或者剔除改点会使得回归方程的截距或者斜率有较大变化，库克距离是一种探测强影响点的度量方法。库克距离是杠杆值 h 与残差 e 的综合效应。一般情况下，若某个观测的库克距离大于 $D_i = \dfrac{e_i^2}{(p+1)\hat{\sigma}^2} \times \dfrac{h_i}{(1-h_i)^2}$，则可认为其是强影啊点。但更经常以 1 作为判断标准，若大于 1 则认为是强影响点。

cooks. distance( )

####################探测强影响点

par(mfrow=c(2, 1))

plot(cooks. distance(lm_m), main="Cook's distance", cex=0.5)#获得 Cook 距离

#用 identify 函数做互动可以获得高库克距离的观测点

Np<-length(coefficients(lm_m))-1#系数长度

N<-length(fitted(lm_m))#样本量

CutLevel<-4/(N-Np-1)#公式，把判断标准画出来

plot(lm_m, which=4)#自动绘制 6 幅图，第四幅更显著，就只显示第四幅

abline(CutLevel, 0, lty=2, col="red")

库克距离见图 4-4。

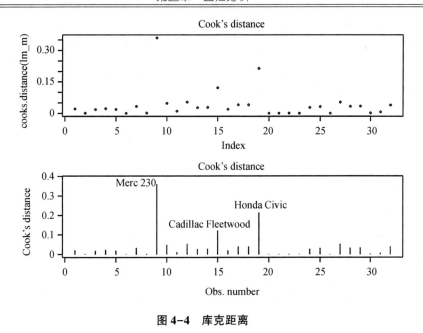

图 4-4　库克距离

三、多重共线性的诊断

1. 容忍度

容忍度(tolerance)是测度解释变量间多重共线性的重要统计量。解释变量 x 的容忍度定义为：$\text{Tol}x_i = 1 - R_i^2$，其中 R_i^2，是解释变量 x 与模型中其他解释变量间的复相关系数的平方，即解释变量 x 对模型中其他解释变量进行多元回归的拟合优度(后续详细解释)，测度了解释变量之间线性相关程度的高低。如果 R 较小，即模型中其他解释变量对该解释变量的线性可解释程度较低，线性相关性较弱，则容忍度较大；反之，如果 R^2 较大，即解释变量之间的线性相关性较强，则容忍度较小。容忍度的取值范围为 $0 \sim 1$，越接近 1 表示多重共线性越弱，越接近 0 表示多重共线性越强。所以，线性回归分析中，各个解释变量的容忍度不应太小。

2. 方差膨胀因子

方差膨胀因子(variance inflation factor，VIF)，是容忍度的倒数。解释变量 x 的方差膨胀因子定义为：可见，方差膨胀因子的取值大于等于 l。解释变量间的多重共线性越弱，R 越接近 0，VIF 越接近 1，解释变量间的多重共线性越强；R 越接近 1，VIF 越大。通常，如果 VIF 大于 10，则说明解释变量 α 与模型中其他解释变量间有较强的多重共线性；如果 VIF 大于 100，则有极严重的多重共线性，此时可能会严重影响模型的最小二乘估计结果。

library("car")

vif(lm_m)

运行结果如下：

```
> vif(lm_m)
```

mpg	cyl	hp	drat	wt	qsec	vs
7. 437019	14. 290789	7. 284762	3. 379773	7. 541711	7. 203741	4. 917391

am	gear	carb
4. 958350	5. 385928	4. 513844

第四节   回归的预测

######根据单个解释变量 hp

Fitdisp<-predict(lm_m, mtcars, type = "response")   ##预测

plot(mtcars $ hp, mtcars $ disp, pch = 1, xlab = "hp", ylab = "disp")

points(mtcars $ hp, Fitdisp, pch = 10, col = 2)

legend("topright", c("实际值","拟合值"), pch = c(1, 10), col = c(1, 2))

回归的预测见图 4-5。

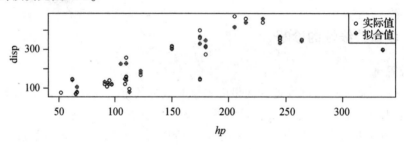

图 4-5   回归预测

第五节   回归建模策略

一、关于拟合优度

r-square 越接近 1,拟合优度越高

fit1 <- lm(mpg ~ hp + wt + hp:wt, data = mtcars)

fit2 <- lm(mpg ~ hp + wt, data = mtcars)

summary(fit1)

> summary(fit1)

Call:

lm(formula = mpg ~ hp + wt + hp:wt, data = mtcars)

Residuals:

Min	1Q	Median	3Q	Max
-3.0632	-1.6491	-0.7362	1.4211	4.5513

Coefficients:

	Estimate	Std. Error	t value	Pr(>|t|)	
(Intercept)	49.80842	3.60516	13.816	5.01e-14	***
hp	-0.12010	0.02470	-4.863	4.04e-05	***
wt	-8.21662	1.26971	-6.471	5.20e-07	***
hp:wt	0.02785	0.00742	3.753	0.000811	***

Signif. codes: 0 ' *** ' 0.001 ' ** ' 0.01 ' * ' 0.05 '.' 0.1 ' ' 1

Residual standard error: 2.153 on 28 degrees of freedom
Multiple R-squared: 0.8848, Adjusted R-squared: 0.8724
F-statistic: 71.66 on 3 and 28 DF, p-value: 2.981e-13

summary(fit2)
> summary(fit2)

Call:
lm(formula = mpg ~ hp + wt, data = mtcars)

Residuals:

Min	1Q	Median	3Q	Max
-3.941	-1.600	-0.182	1.050	5.854

Coefficients:

	Estimate	Std. Error	t value	Pr(>|t|)	
(Intercept)	37.22727	1.59879	23.285	< 2e-16	***
hp	-0.03177	0.00903	-3.519	0.00145	**
wt	-3.87783	0.63273	-6.129	1.12e-06	***

Signif. codes: 0 ' *** ' 0.001 ' ** ' 0.01 ' * ' 0.05 '.' 0.1 ' ' 1

Residual standard error: 2.593 on 29 degrees of freedom
Multiple R-squared: 0.8268, Adjusted R-squared: 0.8148
F-statistic: 69.21 on 2 and 29 DF, p-value: 9.109e-12

anova(fit1, fit2)
> anova(fit1, fit2)
Analysis of Variance Table

Model 1: mpg ~ hp + wt + hp:wt
Model 2: mpg ~ hp + wt

	Res. Df	RSS	Df	Sum of Sq	F	Pr(>F)
1	28	129.76				
2	29	195.05	-1	-65.286	14.088	0.0008108 ***

Signif. codes: 0 ' *** ' 0.001 ' ** ' 0.01 ' * ' 0.05 '.' 0.1 ' ' 1

增加变量会使误差平方和增加：195.05-129.76。

这里的 F 指的是偏 F 统计量，偏 F 统计量的定义为：$F_{di} = \dfrac{R_{di}^2(n-p-1)}{1-R^2}$。其中 $R_{di} = R^2 - R_i^2$，R^2 是当前模型（解释变量工进入方程之后）的判定系数；R_i^2 是解释变量 x_i 进入方程之前的判定系数。可见，偏 F 统计量测度了判定系数的改变程度，以及解释变量 x_i 对被解释变量的线性贡献程度。（$F_{di} = t_i^2$，t 为解释变量 x_i 回归系数的 t 检验观测值。）

带惩罚的拟合优度最高点模型。

AIC=-2ln（模型中极大似然函数值）+2（模型中未知参数个数）

BIC=-2ln（模型中极大似然函数值）+ln（n）（模型中未知参数个数）

AIC 或 BIC 值越小的模型越好。

马洛斯 C_p 统计量设计的基本出发点是以引入解释变量全体的模型（称为全模型）为基准，综合考量其预测误差和误差平方和。最佳模型应是相对这个基准模型（全模型），在所有可能的模型中综合考量得分最低即 C_p 值最小的那个模型。

C_p 统计量定义为：$C_p = (n-m-1)\dfrac{SSE_p}{SSE_m} - m + 2p$，其中 m 为全模型包含的解释变量个数；p 为当前模型包含的解释变量个数；SSE_p 和 SSE_m 分别为当前模型和全模型的误差平方和。

通常的研究成果表明，一个理想模型的 C_p 值非常接近包含常数项在内的待估参数的个数。

AIC(fit1，fit2)

BIC(fit1，fit2)

运行结果如下：

```
> AIC(fit1, fit2)
     df      AIC
fit1  5  145.6109
fit2  4  156.6523
> BIC(fit1, fit2)
     df      BIC
fit1  5  152.9395
fit2  4  162.5153
```

二、解释变量的筛选

在确定以拟合优度最高，或 AIC、BIC 最小为建模策略后，还需考虑解释变量进入和退出模型的先后顺序。为避免严重的多重共线性，模型中不包括不显著的解释变量，应以怎样的评判标准决定哪些解释变量可以进入回归模型，哪些解释变量需退出模型。这就要用到逐步回归的策略，逐步回归包括向前筛选、向后筛选和逐步筛选三种方法。

```
library("MASS")
######向前回归法
lm_forward<-step(lm_m, direction="forward")
stepAIC(lm_m, direction="forward")
```

运行结果如下：

```
> lm_forward<-step(lm_m, direction="forward")Start：AIC=230.26
disp ~ mpg + cyl + hp + drat + wt + qsec + vs + am + gear + carb
> stepAIC(lm_m, direction="forward")Start：AIC=230.26
disp ~ mpg + cyl + hp + drat + wt + qsec + vs + am + gear + carb
```

```
Call：
lm(formula= disp ~ mpg + cyl + hp + drat + wt + qsec + vs +
    am + gear + carb, data= mtcars)
Coefficients：
(Intercept)      mpg        cyl         hp        drat        wt
   -5.812      1.940     15.389      0.665      8.812     86.711
     qsec        vs         am       gear        carb
  -12.974    -12.115     -7.914      5.127     -30.107
```

```
######向后回归法
lm_backward<-step(lm_m, direction="backward")
summary(lm_backward)
stepAIC(lm_m, direction="backward")
summary(stepAIC(lm_m, direction="backward"))
```

运行结果如下：

```
> lm_backward<-step(lm_m, direction="backward")
Start：AIC=230.26
disp ~ mpg + cyl + hp + drat + wt + qsec + vs + am + gear + carb
```

	Df	Sum of Sq	RSS	AIC
- gear	1	82.3	21538	228.38
- am	1	97.5	21553	228.40
- drat	1	203.6	21659	228.56
- vs	1	235.1	21690	228.60

− mpg	1	569. 7	22025	229. 09
\<none\>			21455	230. 26
− cyl	1	1638. 5	23094	230. 61
− qsec	1	2313. 1	23768	231. 53
− hp	1	8845. 2	30300	239. 30
− carb	1	16240. 3	37696	246. 29
− wt	1	29588. 7	51044	255. 99

Step：AIC = 228. 38

disp ~ mpg + cyl + hp + drat + wt + qsec + vs + am + carb

	Df	Sum of Sq	RSS	AIC
− am	1	59. 0	21597	226. 47
− drat	1	223. 4	21761	226. 71
− vs	1	226. 0	21764	226. 71
− mpg	1	624. 1	22162	227. 29
\<none\>			21538	228. 38
− cyl	1	1583. 4	23121	228. 65
− qsec	1	2464. 7	24002	229. 84
− hp	1	9396. 1	30934	237. 96
− carb	1	20458. 8	41996	247. 75
− wt	1	29666. 5	51204	254. 09

Step：AIC = 226. 47

disp ~ mpg + cyl + hp + drat + wt + qsec + vs + carb

	Df	Sum of Sq	RSS	AIC
− vs	1	189. 1	21786	224. 75
− drat	1	195. 8	21792	224. 75
− mpg	1	565. 2	22162	225. 29
\<none\>			21597	226. 47
− cyl	1	2212. 9	23809	227. 59
− qsec	1	2532. 1	24129	228. 01
− hp	1	9359. 2	30956	235. 99
− carb	1	21423. 2	43020	246. 52
− wt	1	30150. 7	51747	252. 43

Step：AIC = 224. 74

disp ~ mpg + cyl + hp + drat + wt + qsec + carb

	Df	Sum of Sq	RSS	AIC
– drat	1	200	21986	223. 04
– mpg	1	594	22380	223. 61
<none>			21786	224. 75
– cyl	1	3077	24863	226. 97
– qsec	1	4538	26324	228. 80
– hp	1	9286	31072	234. 11
– carb	1	21275	43061	244. 55
– wt	1	32736	54521	252. 10

Step：AIC = 223. 04

disp ~ mpg + cyl + hp + wt + qsec + carb

	Df	Sum of Sq	RSS	AIC
– mpg	1	753	22738	222. 11
<none>			21986	223. 04
– cyl	1	2979	24964	225. 10
– qsec	1	5163	27149	227. 79
– hp	1	9332	31318	232. 36
– carb	1	22066	44052	243. 28
– wt	1	32537	54522	250. 10

Step：AIC = 222. 11

disp ~ cyl + hp + wt + qsec + carb

	Df	Sum of Sq	RSS	AIC
<none>			22738	222. 11
– cyl	1	2418	25157	223. 35
– qsec	1	4993	27732	226. 47
– hp	1	8850	31588	230. 63
– carb	1	23020	45758	242. 49
– wt	1	37909	60648	251. 51

```
> summary(lm_backward)
```

Call：

lm(formula = disp ~ cyl + hp + wt + qsec + carb, data = mtcars)

Residuals：

Min	1Q	Median	3Q	Max
−69.38	−15.09	−0.55	17.11	53.52

Coefficients：

	Estimate	Std. Error	t value	Pr(> | t |)	
(Intercept)	141.6961	125.6707	1.128	0.26982	
cyl	13.1396	7.9019	1.663	0.10835	
hp	0.6255	0.1966	3.181	0.00378	**
wt	80.4508	12.2194	6.584	5.56e-07	***
qsec	−14.6784	6.1429	−2.389	0.02441	*
carb	−28.7548	5.6047	−5.130	2.38e-05	***

Signif. codes： 0 ‘ *** ’ 0.001 ‘ ** ’ 0.01 ‘ * ’ 0.05 ‘.’ 0.1 ‘ ’ 1

Residual standard error： 29.57 on 26 degrees of freedom

Multiple R-squared： 0.9522, Adjusted R-squared： 0.9431

F-statistic： 103.7 on 5 and 26 DF, p-value： 2.536e-16

```
> stepAIC( lm_m, direction = "backward")
```

Start： AIC = 230.26

disp ~ mpg + cyl + hp + drat + wt + qsec + vs + am + gear + carb

	Df	Sum of Sq	RSS	AIC
− gear	1	82.3	21538	228.38
− am	1	97.5	21553	228.40
− drat	1	203.6	21659	228.56
− vs	1	235.1	21690	228.60
− mpg	1	569.7	22025	229.09
<none>			21455	230.26
− cyl	1	1638.5	23094	230.61
− qsec	1	2313.1	23768	231.53
− hp	1	8845.2	30300	239.30
− carb	1	16240.3	37696	246.29
− wt	1	29588.7	51044	255.99

Step：AIC＝228.38

disp ~ mpg + cyl + hp + drat + wt + qsec + vs + am + carb

	Df	Sum of Sq	RSS	AIC
− am	1	59.0	21597	226.47
− drat	1	223.4	21761	226.71
− vs	1	226.0	21764	226.71
− mpg	1	624.1	22162	227.29
\<none\>			21538	228.38
− cyl	1	1583.4	23121	228.65
− qsec	1	2464.7	24002	229.84
− hp	1	9396.1	30934	237.96
− carb	1	20458.8	41996	247.75
− wt	1	29666.5	51204	254.09

Step：AIC＝226.47

disp ~ mpg + cyl + hp + drat + wt + qsec + vs + carb

	Df	Sum of Sq	RSS	AIC
− vs	1	189.1	21786	224.75
− drat	1	195.8	21792	224.75
− mpg	1	565.2	22162	225.29
\<none\>			21597	226.47
− cyl	1	2212.9	23809	227.59
− qsec	1	2532.1	24129	228.01
− hp	1	9359.2	30956	235.99
− carb	1	21423.2	43020	246.52
− wt	1	30150.7	51747	252.43

Step：AIC＝224.74

disp ~ mpg + cyl + hp + drat + wt + qsec + carb

	Df	Sum of Sq	RSS	AIC
− drat	1	200	21986	223.04
− mpg	1	594	22380	223.61
\<none\>			21786	224.75

– cyl	1	3077	24863	226. 97
– qsec	1	4538	26324	228. 80
– hp	1	9286	31072	234. 11
– carb	1	21275	43061	244. 55
– wt	1	32736	54521	252. 10

Step：AIC＝223. 04

disp ~ mpg + cyl + hp + wt + qsec + carb

	Df	Sum of Sq	RSS	AIC
– mpg	1	753	22738	222. 11
<none>			21986	223. 04
– cyl	1	2979	24964	225. 10
– qsec	1	5163	27149	227. 79
– hp	1	9332	31318	232. 36
– carb	1	22066	44052	243. 28
– wt	1	32537	54522	250. 10

Step：AIC＝222. 11

disp ~ cyl + hp + wt + qsec + carb

	Df	Sum of Sq	RSS	AIC
<none>			22738	222. 11
– cyl	1	2418	25157	223. 35
– qsec	1	4993	27732	226. 47
– hp	1	8850	31588	230. 63
– carb	1	23020	45758	242. 49
– wt	1	37909	60648	251. 51

Call：

lm(formula ＝ disp ~ cyl + hp + wt + qsec + carb, data ＝ mtcars)

Coefficients：

(Intercept)	cyl	hp	wt	qsec	carb
141. 6961	13. 1396	0. 6255	80. 4508	− 14. 6784	− 28. 7548

> summary(stepAIC(lm_m, direction ＝ " backward"))

Start：AIC＝230. 26

disp ~ mpg + cyl + hp + drat + wt + qsec + vs + am + gear + carb

	Df	Sum of Sq	RSS	AIC
− gear	1	82. 3	21538	228. 38
− am	1	97. 5	21553	228. 40
− drat	1	203. 6	21659	228. 56
− vs	1	235. 1	21690	228. 60
− mpg	1	569. 7	22025	229. 09
<none>			21455	230. 26
− cyl	1	1638. 5	23094	230. 61
− qsec	1	2313. 1	23768	231. 53
− hp	1	8845. 2	30300	239. 30
− carb	1	16240. 3	37696	246. 29
− wt	1	29588. 7	51044	255. 99

Step：AIC = 228. 38

disp ~ mpg + cyl + hp + drat + wt + qsec + vs + am + carb

	Df	Sum of Sq	RSS	AIC
− am	1	59. 0	21597	226. 47
− drat	1	223. 4	21761	226. 71
− vs	1	226. 0	21764	226. 71
− mpg	1	624. 1	22162	227. 29
<none>			21538	228. 38
− cyl	1	1583. 4	23121	228. 65
− qsec	1	2464. 7	24002	229. 84
− hp	1	9396. 1	30934	237. 96
− carb	1	20458. 8	41996	247. 75
− wt	1	29666. 5	51204	254. 09

Step：AIC = 226. 47

disp ~ mpg + cyl + hp + drat + wt + qsec + vs + carb

	Df	Sum of Sq	RSS	AIC
− vs	1	189. 1	21786	224. 75
− drat	1	195. 8	21792	224. 75

	Df	Sum of Sq	RSS	AIC
− mpg	1	565.2	22162	225.29
\<none\>			21597	226.47
− cyl	1	2212.9	23809	227.59
− qsec	1	2532.1	24129	228.01
− hp	1	9359.2	30956	235.99
− carb	1	21423.2	43020	246.52
− wt	1	30150.7	51747	252.43

Step：AIC = 224.74

disp ~ mpg + cyl + hp + drat + wt + qsec + carb

	Df	Sum of Sq	RSS	AIC
− drat	1	200	21986	223.04
− mpg	1	594	22380	223.61
\<none\>			21786	224.75
− cyl	1	3077	24863	226.97
− qsec	1	4538	26324	228.80
− hp	1	9286	31072	234.11
− carb	1	21275	43061	244.55
− wt	1	32736	54521	252.10

Step：AIC = 223.04

disp ~ mpg + cyl + hp + wt + qsec + carb

	Df	Sum of Sq	RSS	AIC
− mpg	1	753	22738	222.11
\<none\>			21986	223.04
− cyl	1	2979	24964	225.10
− qsec	1	5163	27149	227.79
− hp	1	9332	31318	232.36
− carb	1	22066	44052	243.28
− wt	1	32537	54522	250.10

Step：AIC = 222.11

disp ~ cyl + hp + wt + qsec + carb

	Df	Sum of Sq	RSS	AIC

	Df	Sum of Sq	RSS	AIC
\<none\>			22738	222.11
− cyl	1	2418	25157	223.35
− qsec	1	4993	27732	226.47
− hp	1	8850	31588	230.63
− carb	1	23020	45758	242.49
− wt	1	37909	60648	251.51

Call:

lm(formula= disp ~ cyl + hp + wt + qsec + carb, data= mtcars)

Residuals:

Min	1Q	Median	3Q	Max
−69.38	−15.09	−0.55	17.11	53.52

Coefficients:

	Estimate	Std. Error	t value	Pr(>|t|)	
(Intercept)	141.6961	125.6707	1.128	0.26982	
cyl	13.1396	7.9019	1.663	0.10835	
hp	0.6255	0.1966	3.181	0.00378	**
wt	80.4508	12.2194	6.584	5.56e−07	***
qsec	−14.6784	6.1429	−2.389	0.02441	*
carb	−28.7548	5.6047	−5.130	2.38e−05	***

Signif. codes: 0 ' *** ' 0.001 ' ** ' 0.01 ' * ' 0.05 '.' 0.1 ' ' 1

Residual standard error: 29.57 on 26 degrees of freedom

Multiple R-squared: 0.9522, Adjusted R-squared: 0.9431

F-statistic: 103.7 on 5 and 26 DF, p-value: 2.536e−16

逐步回归法

lm_both<-step(lm_m, direction= "both")

stepAIC(lm_m, direction= "both")

summary(stepAIC(lm_m, direction= "both"))

运行结果如下:

> lm_both<-step(lm_m, direction= "both")

Start: AIC=230.26

disp ~ mpg + cyl + hp + drat + wt + qsec + vs + am + gear + carb

	Df	Sum of Sq	RSS	AIC

	Df	Sum of Sq	RSS	AIC
- gear	1	82.3	21538	228.38
- am	1	97.5	21553	228.40
- drat	1	203.6	21659	228.56
- vs	1	235.1	21690	228.60
- mpg	1	569.7	22025	229.09
\<none\>			21455	230.26
- cyl	1	1638.5	23094	230.61
- qsec	1	2313.1	23768	231.53
- hp	1	8845.2	30300	239.30
- carb	1	16240.3	37696	246.29
- wt	1	29588.7	51044	255.99

Step：AIC = 228.38

disp ~ mpg + cyl + hp + drat + wt + qsec + vs + am + carb

	Df	Sum of Sq	RSS	AIC
- am	1	59.0	21597	226.47
- drat	1	223.4	21761	226.71
- vs	1	226.0	21764	226.71
- mpg	1	624.1	22162	227.29
\<none\>			21538	228.38
- cyl	1	1583.4	23121	228.65
- qsec	1	2464.7	24002	229.84
+ gear	1	82.3	21455	230.26
- hp	1	9396.1	30934	237.96
- carb	1	20458.8	41996	247.75
- wt	1	29666.5	51204	254.09

Step：AIC = 226.47

disp ~ mpg + cyl + hp + drat + wt + qsec + vs + carb

	Df	Sum of Sq	RSS	AIC
- vs	1	189.1	21786	224.75
- drat	1	195.8	21792	224.75
- mpg	1	565.2	22162	225.29

	Df	Sum of Sq	RSS	AIC
<none>			21597	226. 47
− cyl	1	2212. 9	23809	227. 59
− qsec	1	2532. 1	24129	228. 01
+ am	1	59. 0	21538	228. 38
+ gear	1	43. 8	21553	228. 40
− hp	1	9359. 2	30956	235. 99
− carb	1	21423. 2	43020	246. 52
− wt	1	30150. 7	51747	252. 43

Step：AIC = 224. 74

disp ~ mpg + cyl + hp + drat + wt + qsec + carb

	Df	Sum of Sq	RSS	AIC
− drat	1	200	21986	223. 04
− mpg	1	594	22380	223. 61
<none>			21786	224. 75
+ vs	1	189	21597	226. 47
+ gear	1	48	21737	226. 67
+ am	1	22	21764	226. 71
− cyl	1	3077	24863	226. 97
− qsec	1	4538	26324	228. 80
− hp	1	9286	31072	234. 11
− carb	1	21275	43061	244. 55
− wt	1	32736	54521	252. 10

Step：AIC = 223. 04

disp ~ mpg + cyl + hp + wt + qsec + carb

	Df	Sum of Sq	RSS	AIC
− mpg	1	753	22738	222. 11
<none>			21986	223. 04
+ drat	1	200	21786	224. 75
+ vs	1	193	21792	224. 75
+ gear	1	71	21915	224. 93
+ am	1	7	21979	225. 03

	Df	Sum of Sq	RSS	AIC
− cyl	1	2979	24964	225. 10
− qsec	1	5163	27149	227. 79
− hp	1	9332	31318	232. 36
− carb	1	22066	44052	243. 28
− wt	1	32537	54522	250. 10

Step：AIC = 222. 11

disp ~ cyl + hp + wt + qsec + carb

	Df	Sum of Sq	RSS	AIC
<none>			22738	222. 11
+ mpg	1	753	21986	223. 04
− cyl	1	2418	25157	223. 35
+ drat	1	358	22380	223. 61
+ vs	1	229	22510	223. 79
+ gear	1	197	22542	223. 84
+ am	1	39	22699	224. 06
− qsec	1	4993	27732	226. 47
− hp	1	8850	31588	230. 63
− carb	1	23020	45758	242. 49
− wt	1	37909	60648	251. 51

```
> stepAIC( lm_m, direction = "both" )
```

Start：AIC = 230. 26

disp ~ mpg + cyl + hp + drat + wt + qsec + vs + am + gear + carb

	Df	Sum of Sq	RSS	AIC
− gear	1	82. 3	21538	228. 38
− am	1	97. 5	21553	228. 40
− drat	1	203. 6	21659	228. 56
− vs	1	235. 1	21690	228. 60
− mpg	1	569. 7	22025	229. 09
<none>			21455	230. 26
− cyl	1	1638. 5	23094	230. 61
− qsec	1	2313. 1	23768	231. 53
− hp	1	8845. 2	30300	239. 30

− carb	1	16240. 3	37696	246. 29
− wt	1	29588. 7	51044	255. 99

Step：AIC = 228. 38

disp ~ mpg + cyl + hp + drat + wt + qsec + vs + am + carb

	Df	Sum of Sq	RSS	AIC
− am	1	59. 0	21597	226. 47
− drat	1	223. 4	21761	226. 71
− vs	1	226. 0	21764	226. 71
− mpg	1	624. 1	22162	227. 29
\<none\>			21538	228. 38
− cyl	1	1583. 4	23121	228. 65
− qsec	1	2464. 7	24002	229. 84
+ gear	1	82. 3	21455	230. 26
− hp	1	9396. 1	30934	237. 96
− carb	1	20458. 8	41996	247. 75
− wt	1	29666. 5	51204	254. 09

Step：AIC = 226. 47

disp ~ mpg + cyl + hp + drat + wt + qsec + vs + carb

	Df	Sum of Sq	RSS	AIC
− vs	1	189. 1	21786	224. 75
− drat	1	195. 8	21792	224. 75
− mpg	1	565. 2	22162	225. 29
\<none\>			21597	226. 47
− cyl	1	2212. 9	23809	227. 59
− qsec	1	2532. 1	24129	228. 01
+ am	1	59. 0	21538	228. 38
+ gear	1	43. 8	21553	228. 40
− hp	1	9359. 2	30956	235. 99
− carb	1	21423. 2	43020	246. 52
− wt	1	30150. 7	51747	252. 43

Step：AIC = 224. 74

disp ~ mpg + cyl + hp + drat + wt + qsec + carb

	Df	Sum of Sq	RSS	AIC
− drat	1	200	21986	223. 04
− mpg	1	594	22380	223. 61
<none>			21786	224. 75
+ vs	1	189	21597	226. 47
+ gear	1	48	21737	226. 67
+ am	1	22	21764	226. 71
− cyl	1	3077	24863	226. 97
− qsec	1	4538	26324	228. 80
− hp	1	9286	31072	234. 11
− carb	1	21275	43061	244. 55
− wt	1	32736	54521	252. 10

Step：AIC = 223. 04

disp ~ mpg + cyl + hp + wt + qsec + carb

	Df	Sum of Sq	RSS	AIC
− mpg	1	753	22738	222. 11
<none>			21986	223. 04
+ drat	1	200	21786	224. 75
+ vs	1	193	21792	224. 75
+ gear	1	71	21915	224. 93
+ am	1	7	21979	225. 03
− cyl	1	2979	24964	225. 10
− qsec	1	5163	27149	227. 79
− hp	1	9332	31318	232. 36
− carb	1	22066	44052	243. 28
− wt	1	32537	54522	250. 10

Step：AIC = 222. 11

disp ~ cyl + hp + wt + qsec + carb

	Df	Sum of Sq	RSS	AIC
<none>			22738	222. 11

+ mpg	1	753	21986	223.04
− cyl	1	2418	25157	223.35
+ drat	1	358	22380	223.61
+ vs	1	229	22510	223.79
+ gear	1	197	22542	223.84
+ am	1	39	22699	224.06
− qsec	1	4993	27732	226.47
− hp	1	8850	31588	230.63
− carb	1	23020	45758	242.49
− wt	1	37909	60648	251.51

Call:

lm(formula= disp ~ cyl + hp + wt + qsec + carb, data= mtcars)

Coefficients:

(Intercept)	cyl	hp	wt	qsec	carb
141.6961	13.1396	0.6255	80.4508	−14.6784	−28.7548

> summary(stepAIC(lm_m, direction= "both"))

Start: AIC=230.26

disp ~ mpg + cyl + hp + drat + wt + qsec + vs + am + gear + carb

	Df	Sum of Sq	RSS	AIC
− gear	1	82.3	21538	228.38
− am	1	97.5	21553	228.40
− drat	1	203.6	21659	228.56
− vs	1	235.1	21690	228.60
− mpg	1	569.7	22025	229.09
<none>			21455	230.26
− cyl	1	1638.5	23094	230.61
− qsec	1	2313.1	23768	231.53
− hp	1	8845.2	30300	239.30
− carb	1	16240.3	37696	246.29
− wt	1	29588.7	51044	255.99

Step: AIC=228.38

disp ~ mpg + cyl + hp + drat + wt + qsec + vs + am + carb

	Df	Sum of Sq	RSS	AIC
− am	1	59.0	21597	226.47
− drat	1	223.4	21761	226.71
− vs	1	226.0	21764	226.71
− mpg	1	624.1	22162	227.29
<none>			21538	228.38
− cyl	1	1583.4	23121	228.65
− qsec	1	2464.7	24002	229.84
+ gear	1	82.3	21455	230.26
− hp	1	9396.1	30934	237.96
− carb	1	20458.8	41996	247.75
− wt	1	29666.5	51204	254.09

Step：AIC = 226.47

disp ~ mpg + cyl + hp + drat + wt + qsec + vs + carb

	Df	Sum of Sq	RSS	AIC
− vs	1	189.1	21786	224.75
− drat	1	195.8	21792	224.75
− mpg	1	565.2	22162	225.29
<none>			21597	226.47
− cyl	1	2212.9	23809	227.59
− qsec	1	2532.1	24129	228.01
+ am	1	59.0	21538	228.38
+ gear	1	43.8	21553	228.40
− hp	1	9359.2	30956	235.99
− carb	1	21423.2	43020	246.52
− wt	1	30150.7	51747	252.43

Step：AIC = 224.74

disp ~ mpg + cyl + hp + drat + wt + qsec + carb

	Df	Sum of Sq	RSS	AIC
− drat	1	200	21986	223.04
− mpg	1	594	22380	223.61

	Df	Sum of Sq	RSS	AIC
\<none\>			21786	224. 75
+ vs	1	189	21597	226. 47
+ gear	1	48	21737	226. 67
+ am	1	22	21764	226. 71
− cyl	1	3077	24863	226. 97
− qsec	1	4538	26324	228. 80
− hp	1	9286	31072	234. 11
− carb	1	21275	43061	244. 55
− wt	1	32736	54521	252. 10

Step：AIC = 223. 04

disp ~ mpg + cyl + hp + wt + qsec + carb

	Df	Sum of Sq	RSS	AIC
− mpg	1	753	22738	222. 11
\<none\>			21986	223. 04
+ drat	1	200	21786	224. 75
+ vs	1	193	21792	224. 75
+ gear	1	71	21915	224. 93
+ am	1	7	21979	225. 03
− cyl	1	2979	24964	225. 10
− qsec	1	5163	27149	227. 79
− hp	1	9332	31318	232. 36
− carb	1	22066	44052	243. 28
− wt	1	32537	54522	250. 10

Step：AIC = 222. 11

disp ~ cyl + hp + wt + qsec + carb

	Df	Sum of Sq	RSS	AIC
\<none\>			22738	222. 11
+ mpg	1	753	21986	223. 04
− cyl	1	2418	25157	223. 35
+ drat	1	358	22380	223. 61
+ vs	1	229	22510	223. 79
+ gear	1	197	22542	223. 84

+ am	1	39	22699	224. 06
− qsec	1	4993	27732	226. 47
− hp	1	8850	31588	230. 63
− carb	1	23020	45758	242. 49
− wt	1	37909	60648	251. 51

Call:

lm(formula= disp ~ cyl + hp + wt + qsec + carb, data= mtcars)

Residuals:

Min	1Q	Median	3Q	Max
−69. 38	−15. 09	−0. 55	17. 11	53. 52

Coefficients:

	Estimate	Std. Error t	value	Pr(> | t |)	
(Intercept)	141. 6961	125. 6707	1. 128	0. 26982	
cyl	13. 1396	7. 9019	1. 663	0. 10835	
hp	0. 6255	0. 1966	3. 181	0. 00378	**
wt	80. 4508	12. 2194	6. 584	5. 56e−07	***
qsec	−14. 6784	6. 1429	−2. 389	0. 02441	*
carb	−28. 7548	5. 6047	−5. 130	2. 38e−05	***

Signif. codes: 0 ' *** ' 0. 001 ' ** ' 0. 01 ' * ' 0. 05 '.' 0. 1 ' ' 1

Residual standard error: 29. 57 on 26 degrees of freedom

Multiple R−squared: 0. 9522, Adjusted R−squared: 0. 9431

F−statistic: 103. 7 on 5 and 26 DF, p−value: 2. 536e−16

第五章　相关分析

　　任何事物的存在都不是孤立的，而是相互联系、相互制约的，如身高与体重，产量和施肥量等。把客观事物相互间关系的密切程度用适当的统计指标表示出来，这个过程就是相关分析(correlation analysis)。相关分析是研究现象之间是否存在某种依存关系，并对具体有依存关系的现象探讨其相关方向以及相关程度，是研究随机变量之间的相关关系的一种统计方法。

　　相关分析由简单相关分析和偏相关分析。简单相关分析研究的是两个变量之间的相关性。设两个样本 $X = (x_1, x_2, \cdots, x_n)$，$Y = (y_1, y_2, \cdots, y_n)$，对于在坐标点呈直线趋势的这两个变数，如果并不需要由 X 来估计 Y，而仅需了解 X 和 Y 是否确有相关以及相关的性质(正相关或负相关)，则首先应算出表示 X 和 Y 相关密切程度及其性质的统计数——相关系数，其计算公式为

$$r = \frac{\sum_{i=1}^{n}(x_i - \bar{x})(y_i - \bar{y})}{\sqrt{\sum_{i=1}^{n}(x_i - \bar{x})^2 \sum_{i=1}^{n}(y_i - \bar{y})^2}} = \frac{COV(X, Y)}{\sqrt{VAR(X)VAR(Y)}}$$

　　而偏相关分析则是控制一个变量，研究其他两个变量之间的关系。因为在研究两个变量时，往往有其他变量的干扰。偏相关分析就是把其他变量的干扰看作一个定值。

　　偏相关系数是研究在多变量的情况下，当控制其他变量影响后，两个变量间的直线相关程度，又称净相关或部分相关。偏相关系数较简单直线相关系数更能真实反映两个变量间的联系，需要注意的是偏相关分析是假定变量之间的关系为线性关系，没有线性关系的变量不能进行偏相关分析。因此，在进行偏相关分析前，可以先通过计算 Pearson 相关系数来考察两两变量之间的线性关系。例如 $x1$、$x2$、$x3$ 三个变量，在 $x3$ 固定的前提下，$x1$、$x2$ 间的偏相关系数计算公式为

$$r_{12,3} = \frac{r_{12} - r_{13}r_{23}}{\sqrt{(1 - r_{13}^2)(1 - r_{23}^2)}}$$

　　另外，偏相关分析中根据固定变量个数的多少，分为零阶偏相关、一阶偏相关、$\cdots$、$p-1$ 阶偏相关。零阶偏相关就是简单相关。

第一节　　简单相关

一、简单相关分析

以 R 自带的 mtcars 数据为例。使用 Hmisc 包中的 rcorr 函数计算简单相关系数和相关系数的显著性。

```
install. packages("Hmisc")
library(Hmisc)
res2 <- rcorr(as. matrix(mtcars))
res2
```

R 运行结果如下：

```
> res2
```

	mpg	cyl	disp	hp	drat	wt	qsec	vs	am	gear	carb
mpg	1.00	-0.85	-0.85	-0.78	0.68	-0.87	0.42	0.66	0.60	0.48	-0.55
cyl	-0.85	1.00	0.90	0.83	-0.70	0.78	-0.59	-0.81	-0.52	-0.49	0.53
disp	-0.85	0.90	1.00	0.79	-0.71	0.89	-0.43	-0.71	-0.59	-0.56	0.39
hp	-0.78	0.83	0.79	1.00	-0.45	0.66	-0.71	-0.72	-0.24	-0.13	0.75
drat	0.68	-0.70	-0.71	-0.45	1.00	-0.71	0.09	0.44	0.71	0.70	-0.09
wt	-0.87	0.78	0.89	0.66	-0.71	1.00	-0.17	-0.55	-0.69	-0.58	0.43
qsec	0.42	-0.59	-0.43	-0.71	0.09	-0.17	1.00	0.74	-0.23	-0.21	-0.66
vs	0.66	-0.81	-0.71	-0.72	0.44	-0.55	0.74	1.00	0.17	0.21	-0.57
am	0.60	-0.52	-0.59	-0.24	0.71	-0.69	-0.23	0.17	1.00	0.79	0.06
gear	0.48	-0.49	-0.56	-0.13	0.70	-0.58	-0.21	0.21	0.79	1.00	0.27
carb	-0.55	0.53	0.39	0.75	-0.09	0.43	-0.66	-0.57	0.06	0.27	1.00

```
n = 32
P
```

	mpg	cyl	disp	hp	drat	wt	qsec	vs	am	gear	carb
mpg		0.0000	0.0000	0.0000	0.0000	0.0000	0.0171	0.0000	0.0003	0.0054	0.0011
cyl	0.0000		0.0000	0.0000	0.0000	0.0000	0.0004	0.0000	0.0022	0.0042	0.0019
disp	0.0000	0.0000		0.0000	0.0000	0.0000	0.0131	0.0000	0.0004	0.0010	0.0253
hp	0.0000	0.0000	0.0000		0.0100	0.0000	0.0000	0.0000	0.1798	0.4930	0.0000
drat	0.0000	0.0000	0.0000	0.0100		0.0000	0.6196	0.0117	0.0000	0.0000	0.6212
wt	0.0000	0.0000	0.0000	0.0000	0.0000		0.3389	0.0010	0.0000	0.0005	0.0146

qsec	0.0171	0.0004	0.0131	0.0000	0.6196	0.3389		0.0000	0.2057	0.2425	0.0000
vs	0.0000	0.0000	0.0000	0.0000	0.0117	0.0010	0.0000		0.3570	0.2579	0.0007
am	0.0003	0.0022	0.0004	0.1798	0.0000	0.0000	0.2057	0.3570		0.0000	0.7545
gear	0.0054	0.0042	0.0010	0.4930	0.0000	0.0005	0.2425	0.2579	0.0000		0.1290
carb	0.0011	0.0019	0.0253	0.0000	0.6212	0.0146	0.0000	0.0007	0.7545	0.1290	

二、相关分析的可视化

1. 使用 PerformanceAnalytics 包

install. packages("PerformanceAnalytics")

library(PerformanceAnalytics) # 加载包

chart. Correlation(mtcars, histogram=TRUE, pch=19)

R 运行结果如图 5-1 所示。

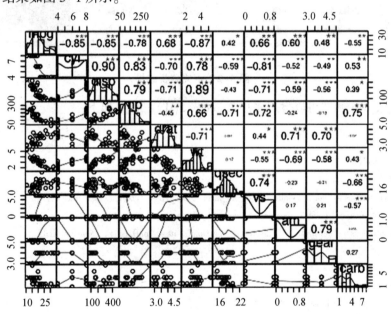

图 5-1 相关分析结果

2. 使用 GGally 包的 ggpairs 函数

install. packages("GGally")

library(GGally)

ggpairs(iris)

R 运行结果如图 5-2 所示。

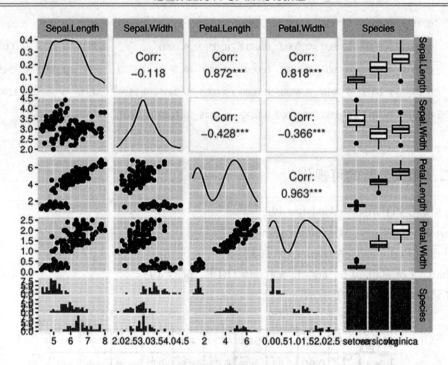

图5-2　相关分析结果

注意，ggpair 函数可以设置多项参数（表5-1），程序如下：

```
ggpairs( data,
    mapping = NULL,
    columns = 1: ncol( data),
    title = NULL,
    upper = list( continuous = "cor", combo = "box_no_facet", discrete = "count", na = "na"),
    lower = list( continuous = "points", combo = "facethist", discrete = "facetbar", na = "na"),
    diag = list( continuous = "densityDiag", discrete = "barDiag", na = "naDiag"), params = NULL,
    …,
    xlab = NULL,
    ylab = NULL,
    axisLabels = c( "show", "internal", "none"),
    columnLabels = colnames( data[ columns]),
    labeller = "label_value",
    switch = NULL,
    showStrips = NULL,
    legend = NULL,
    cardinality_threshold = 15,
    progress = NULL,
    proportions = NULL,
    legends = stop( "deprecated")
)
```

表 5-1　ggpairs 参数及其意义

参数	意义
data	绘制相关系数的数据集，可以有连续变量也可以有分类变量
mapping	即 aes()参数可以设置颜色、透明度等
columns	选择绘图的数据，默认为全部
title	图的标题
upper	提供了三个参数，设置的是相关系数的表达方式
lower	设置下部分变量之间的展示方式
diag	设置对角线处的图形展示

　　ggpairs 函数可以进行分组数据相关分析的结果可视化，程序如下：

```
ggpairs( data = iris,
columns = c( "Sepal. Length" ,"Sepal. Width" ,"Petal. Length" ,"Petal. Width" ),
aes( color = Species, alpha = 0.7))
```

　　可以设置上半部分显示相关系数；下半部分为散点添加拟合线；对角线处去除密度分布图，程序如下：

```
ggpairs( data = iris,
    columns = c( "Sepal. Length" ,"Sepal. Width" ,"Petal. Length" ,"Petal. Width" ),
    aes( color = Species, alpha = 0.7),
    upper = list( continuous = wrap( "cor" ), size = 4),
    lower = list( continuous = "smooth" ),
    diag = list( continuous = "blankDiag" ))
```

　　ggpairs 函数还可以进行分类变量相关分析的结果可视化，程序如下：

```
    ggpairs( iris[ 3: 5],
aes( color = Species, alpha = 0.5),
upper = list( combo = "facetdensity" ))
```

　　或者：

```
ggpairs( iris[ 3: 5], aes( color = Species, alpha = 0.5),
    upper = list( combo = "facetdensity" ),
    lower = list( combo = "barDiag" ))
```

第二节　偏相关及偏相关系数的显著性检验

```
data( soil)
soil
```

```
soil1 = soil[ , -1]
soil1
install. packages("ppcor") # 安装程序包
library(ppcor) # 加载程序包
pc <- pcor(soil1[ , 1: 5])
pc
#或者:
pcor1 = ppcor:: pcor(soil1[ , 1: 5], method = "pearson")
pcor1
```

运行结果相同，结果如下：

```
> pcor1
$ estimate
```

	pH	EC	CaCO₃	MO	CIC
pH	1.0000000	0.42007414	0.6004313	-0.2313416	0.25077212
EC	0.4200741	1.00000000	-0.1537470	-0.2291082	0.04667347
CaCO₃	0.6004313	-0.15374695	1.0000000	-0.1673810	0.21992878
MO	-0.2313416	-0.22910824	-0.1673810	1.0000000	0.67766226
CIC	0.2507721	0.04667347	0.2199288	0.6776623	1.00000000

```
$ p. value
```

	pH	EC	CaCO₃	MO	CIC
pH	0.0000000	0.2267941	0.0664410	0.52016549	0.48465117
EC	0.2267941	0.0000000	0.6715164	0.52431449	0.89812390
CaCO₃	0.0664410	0.6715164	0.0000000	0.64394079	0.54150813
MO	0.5201655	0.5243145	0.6439408	0.00000000	0.03130218
CIC	0.4846512	0.8981239	0.5415081	0.03130218	0.00000000

```
$ statistic
```

	pH	EC	CaCO₃	MO	CIC
pH	0.0000000	1.3092699	2.1237042	-0.6725780	0.7327034
EC	1.3092699	0.0000000	-0.4400947	-0.6657236	0.1321565
CaCO₃	2.1237042	-0.4400947	0.0000000	-0.4801996	0.6376652
MO	-0.6725780	-0.6657236	-0.4801996	0.0000000	2.6064563
CIC	0.7327034	0.1321565	0.6376652	2.6064563	0.0000000

```
$ n
[1] 13

$ gp
[1] 3

$ method
[1] "pearson"
```

第三节　典型相关分析

一、典型相关基础

1936 年，Hotelling 提出了典型相关分析(canonical correlation analysis)。典型相关分析是研究两组变量间相关关系的一种多元方法，其用于揭示两组变量之间的内在关系。典型相关分析的目的是识别并量化两组变量之间的联系，将两组变量相关关系的分析转化为一组变量的线性组合与另一组变量的线性组合之间的相关关系。简单来说，典型相关分析就是研究两组(每组≥1 个)变量之间的相关性有多强。典型相关分析中，在一定的条件下选取一系列线性组合来反映两组变量之间的线性关系，这些被选出的线性组合配对被称为典型变量。

基于复相关系数的定义方法，自然考虑到两组变量的线性组合，并研究它们之间的相关系数 $p(u,v)$。在所有的线性组合中，找一对相关系数最大的线性组合，用这个组合的单相关系数来表示两组变量的相关性，叫作两组变量的典型相关系数，而这两个线性组合叫作一对典型变量。在两组多变量的情形下，需要用若干对典型变量才能完全反映出它们之间的相关性。再在两组变量的与 $u1$、$v1$ 不相关的线性组合中，找一对相关系数最大的线性组合，它就是第二对典型变量，而且 $p(u2,v2)$ 就是第二个典型相关系数。这样下去，可以得到若干对典型变量，从而提取出两组变量间的全部信息。典型相关分析是利用综合变量对之间的相关关系来反映两组指标之间的整体相关性的多元统计分析方法。

典型相关分析研究两组变量间的相互依赖关系，是把两组变量间的相关变为两个新的变量之间的相关，而又不抛弃原来变量的信息，这两个新的变量分别是由第一组变量和第二组变量的线性组合构成的。因此采用典型相关分析可以综合地反映两组变量间相关的本质，指出导致两组性状间相关主要是由哪些性状间的相关引起的。

二、典型相关分析和主成分分析的关系

①联系：无论是典型相关分析还是主成分分析，都是线性分析的范畴，一组变量的

典型变量和其主成分都是经过线性变换，通过计算矩阵的特征值与特征向量得出的。

②区别：主成分分析中只涉及一组变量的相互依赖关系，而典型相关则扩展到了两组变量之间的相互依赖的关系之中，度量了这两组变量之间联系的强度。

三、典型相关分析的操作过程及举例

首先在每组变量中找出变量的线性组合，使得两组的线性组合之间具有最大的相关系数；然后选取和最初挑选的这对线性组合不相关的线性组合，使其配对，并选取相关系数最大的一对；最后依次类推，直到两组变量之间的相关性被提取完毕为止。典型相关分析 R 语言自带了 cancor( )函数，无须借助第三方 R 包，其程序如下：

```
install. packages("psych")
library(psych)
psych：：headtail(soil)
cc1<-cancor(soil[，2：5]，soil[，6：9])
cc1
```

运行结果如下：

```
> cc1
$ cor
[1] 0.9938370  0.8160171  0.6097905  0.2300786
```

$ xcoef

	[，1]	[，2]	[，3]	[，4]
pH	−0.11257754	−0.2189402	−0.02691246	0.14897172
EC	−0.09731027	0.1009856	0.09488368	−0.06513393
CaCO$_3$	0.02390502	0.0426849	−0.05851685	−0.10951143
MO	−0.18247739	0.1300608	−0.13475720	0.07439709

$ ycoef

	[，1]	[，2]	[，3]	[，4]
CIC	0.0195946086	0.0199885471	−6.780049e-02	−0.019432119
P	−0.0138175028	0.0106219657	1.120836e-02	0.019367894
K	−0.0005857739	−0.0004577272	5.808045e-05	−0.002198109
sand	0.0097166609	0.0157862921	−5.178412e-03	−0.017274393

$ xcenter

pH	EC	CaCO$_3$	MO
6.153846	1.289231	1.707692	2.253846

$ ycenter

CIC	P	K	sand
16. 17231	20. 65385	202. 53846	51. 69231

以上结果中，$ cor 给出了两组数据之间的典型相关系数，$ xcoef 是第一组的典型相关系数，可以看到计算出了 4 个虚拟变量，$ ycoef 是第二组的典型相关系数。

四、典型相关分析显著性检验

用 R 包 CCP 中的函数 p. asym() 进行典型相关的显著性检验。p. asym() 函数实现典型相关的显著性检验，需要典型相关系数、观测个数、第一组的变量个数、第二组的变量个数。

```
install. packages("CCP")
library(CCP)
rho = cc1 $ cor
rho
n = dim(soil[, 2：5])[1]
p = length(soil[, 2：5])
q = length(soil[, 6：9])
p. asym(rho, n, p, q, tstat = "Wilks")
p. asym(rho, n, p, q, tstat = "Hotelling")
p. asym(rho, n, p, q, tstat = "Pillai")
p. asym(rho, n, p, q, tstat = "Roy")
```

运行结果如下：

```
> rho
[1] 0.9938370  0.8160171  0.6097905  0.2300786
> p. asym(rho, n, p, q, tstat = "Wilks")
Wilks' Lambda, using F-approximation (Rao's F):
```

	stat	approx	df1	df2	p. value
1 to 4：	0. 002442454	6. 1284510	16	15. 91288	0. 0003925862
2 to 4：	0. 198766823	1. 5445517	9	14. 75303	0. 2206542056
3 to 4：	0. 594903458	1. 0377942	4	14. 00000	0. 4223636729
4 to 4：	0. 947063854	0. 4471601	1	8. 00000	0. 5225101866

```
> p. asym(rho, n, p, q, tstat = "Hotelling")
Hotelling-Lawley Trace, using F-approximation：
```

	stat	approx	df1	df2	p. value
1 to 4：	83. 02080611	18. 1608013	16	14	1. 117027e-06

2 to 4：	2.64082888	1.6138399	9	22	1.724264e-01
3 to 4：	0.64785727	1.2147324	4	30	3.252240e-01
4 to 4：	0.05589501	0.5310026	1	38	4.706530e-01

> p. asym(rho, n, p, q, tstat="Pillai")

Pillai-Bartlett Trace, using F-approximation：

	stat	approx	df1	df2	p. value
1 to 4：	2.07837642	2.1631462	16	32	0.0309217
2 to 4：	1.09066445	1.6661528	9	40	0.1297680
3 to 4：	0.42478055	1.4257493	4	48	0.2398238
4 to 4：	0.05293615	0.7510454	1	56	0.3898436

> p. asym(rho, n, p, q, tstat="Roy")

Roy's Largest Root, using F-approximation：

	stat	approx	df1	df2	p. value
1 to 1：	0.987712	160.76	4	8	1.12878e-07

F statistic for Roy's Greatest Root is an upper bound.

第六章 主成分分析

第一节 主成分分析基础

主成分分析的是从原始变量(原始观测世界的众多指标)形成而来的新指标。它具有如下特性：

(1)主成分保留原始变量绝大多数的信息。

(2)主成分的个数少于原始变量的个数。

(3)各个主成分之间互不相干。

(4)每个主成分都是原始变量的线性组合。

第二节 主成分分析的一般步骤

主成分分析的一般步骤如下。

(1)计算相关系数矩阵。

(2)计算相关系数矩阵的特征根以及所对应的特征向量。

(3)选出最大的特征根，所对应的特征向量等于第一主成分的系数；选出第二大的特征根，所对应的特征向量等于第一主成分的系数……以此类推。

(4)计算累积贡献率，选择恰当的主成分的个数。

(5)写出前 k 个主成分的表达式。

第三节 主成分分析实例

一、数据标准化

```
data＝iris # 以 R 自带的范例数据集 iris 另存为变量 data
head(data) # 查看前几行数据
dt＝as. matrix(scale(data[, 1：4])) # 对原数据进行 z-score 归一化处理
head(dt) # 查看前几行数据
```

　　R 运行结果如下：

```
> head(data)
```

	Sepal. Length	Sepal. Width	Petal. Length	Petal. Width	Species
1	5.1	3.5	1.4	0.2	setosa
2	4.9	3.0	1.4	0.2	setosa
3	4.7	3.2	1.3	0.2	setosa
4	4.6	3.1	1.5	0.2	setosa
5	5.0	3.6	1.4	0.2	setosa
6	5.4	3.9	1.7	0.4	setosa

```
> head(dt)
```

	Sepal. Length	Sepal. Width	Petal. Length	Petal. Width
[1,]	-0.8976739	1.01560199	-1.335752	-1.311052
[2,]	-1.1392005	-0.13153881	-1.335752	-1.311052
[3,]	-1.3807271	0.32731751	-1.392399	-1.311052
[4,]	-1.5014904	0.09788935	-1.279104	-1.311052
[5,]	-1.0184372	1.24503015	-1.335752	-1.311052
[6,]	-0.5353840	1.93331463	-1.165809	-1.048667

二、计算相关系数(协方差)矩阵

　　rm1 = cor(dt) # 计算相关系数(协方差)矩阵
　　rm1
　　R 运行结果如下：

```
> rm1
```

	Sepal. Length	Sepal. Width	Petal. Length	Petal. Width
Sepal. Length	1.0000000	-0.1175698	0.8717538	0.8179411
Sepal. Width	-0.1175698	1.0000000	-0.4284401	-0.3661259
Petal. Length	0.8717538	-0.4284401	1.0000000	0.9628654
Petal. Width	0.8179411	-0.3661259	0.9628654	1.0000000

三、求解特征值和相应的特征向量

1. 求解

　　rs1 = eigen(rm1)
　　rs1

val = rs1 $ values # 提取结果中的特征值，即各主成分的方差

(Standard_deviation = sqrt(val)) # 换算成标准差(Standard deviation)

(Proportion_of_Variance = val/sum(val)) # 计算方差贡献率

(Cumulative_Proportion = cumsum(Proportion_of_Variance)) # 计算累积贡献率

R 运行结果如下：

```
> rs1
eigen( ) decomposition
$ values
[1] 2. 91849782  0. 91403047  0. 14675688  0. 02071484

$ vectors
           [, 1]          [, 2]          [, 3]          [, 4]
[1,]   0. 5210659   -0. 37741762   0. 7195664    0. 2612863
[2,]  -0. 2693474   -0. 92329566  -0. 2443818   -0. 1235096
[3,]   0. 5804131   -0. 02449161  -0. 1421264   -0. 8014492
[4,]   0. 5648565   -0. 06694199  -0. 6342727    0. 5235971

> val <- rs1 $ values
> (Standard_deviation <- sqrt(val))
[1] 1. 7083611  0. 9560494  0. 3830886  0. 1439265
> (Proportion_of_Variance <- val/sum(val))
[1] 0. 729624454  0. 228507618  0. 036689219  0. 005178709
> (Cumulative_Proportion <- cumsum(Proportion_of_Variance))
[1] 0. 7296245  0. 9581321  0. 9948213  1. 0000000
```

2. 绘图

```
par(mar = c(6, 6, 2, 2)) # 碎石图绘制
plot(rs1 $ values, type = "b",
cex = 2,
cex. lab = 2,
cex. axis = 2,
lty = 2,
lwd = 2,
xlab = "主成分编号",
ylab = "特征值(主成分方差)")
abline(h = 2, ltype = 3)
```

R 运行结果如图 6-1 所示。

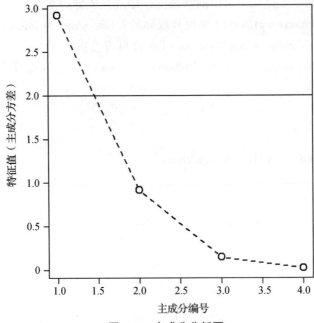

图 6-1　主成分分析图

四、计算主成分得分

（U＝as. matrix（rs1 $ vectors））# 提取结果中的特征向量，也称为 Loadings，载荷矩阵

PC＝dt % * % U # 进行矩阵乘法，获得 PC score

colnames（PC）＝ c（"PC1","PC2","PC3","PC4"）

head（PC）

R 运行结果（图 6-2）如下：

```
> (U<-as. matrix(rs1 $ vectors))
```

	[,1]	[,2]	[,3]	[,4]
[1,]	0.5210659	-0.37741762	0.7195664	0.2612863
[2,]	-0.2693474	-0.92329566	-0.2443818	-0.1235096
[3,]	0.5804131	-0.02449161	-0.1421264	-0.8014492
[4,]	0.5648565	-0.06694199	-0.6342727	0.5235971

```
> head(PC)
```

	PC1	PC2	PC3	PC4
[1,]	-2.257141	-0.4784238	0.12727962	0.024087508
[2,]	-2.074013	0.6718827	0.23382552	0.102662845
[3,]	-2.356335	0.3407664	-0.04405390	0.028282305
[4,]	-2.291707	0.5953999	-0.09098530	-0.065735340
[5,]	-2.381863	-0.6446757	-0.01568565	-0.035802870
[6,]	-2.068701	-1.4842053	-0.02687825	0.006586116

五、绘制主成分散点图

1. 二维散点图绘制

df = data. frame(PC，iris $ Species) # 将 iris 数据集的第 5 列数据合并进来

head(df)

library(ggplot2) #载入 ggplot2 包

xlab<-paste0("PC1(" ，round(Proportion_of_Variance[1] * 100，2),"%)")

ylab<-paste0("PC2(" ，round(Proportion_of_Variance[2] * 100，2),"%)") #提取主成分的方差贡献率，生成坐标轴标题

p1<-ggplot(data = df，aes(x = PC1，y = PC2，color = iris. Species)) +

stat_ellipse(aes(fill = iris. Species)，

type = "norm"，geom = "polygon"，alpha = 0. 2，color = NA) +

geom_point( )+labs(x = xlab，y = ylab，color = " ") +

guides(fill = F) # 绘制散点图并添加置信椭圆

p1

R 运行结果(图 6-3)如下：

> head(df)

	PC1	PC2	PC3	PC4	iris. Species
1	-2. 257141	-0. 4784238	0. 12727962	0. 024087508	setosa
2	-2. 074013	0. 6718827	0. 23382552	0. 102662845	setosa
3	-2. 356335	0. 3407664	-0. 04405390	0. 028282305	setosa
4	-2. 291707	0. 5953999	-0. 09098530	-0. 065735340	setosa
5	-2. 381863	-0. 6446757	-0. 01568565	-0. 035802870	setosa
6	-2. 068701	-1. 4842053	-0. 02687825	0. 006586116	setosa

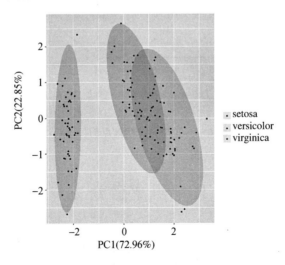

图 6-2　主成分分析散点图

2. 三维散点图绘制

```
install. packages("scatterplot3d")
library(scatterplot3d) #载入 scatterplot3d 包
color= c(rep('purple', 50), rep('orange', 50), rep('blue', 50)) #定义颜色
scatterplot3d(df2[, 1: 3], color=color,
pch= 16, angle=30,
box=T, type="p",
lty. hide=2, lty. grid= 2)
legend("topleft", c('Setosa', 'Versicolor', 'Virginica'),
fill=c('purple', 'orange', 'blue'), box. col=NA)
```

R 运行结果如图 6-3 所示。

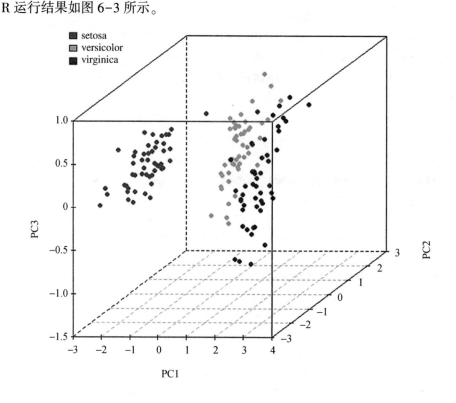

图 6-3 主成分分析散点图(三维)

第四节　使用 R 中现成函数完成主成分分析

R 中最常见的两个 PCA 函数：prcomp()和 princomp()。了解了主成分分析的具体
步骤后，接下来使用这两个"一步到位"的函数进行验证以上分析过程是否正确。

一、prcomp( )函数

1. 计算主成分

com1 = prcomp(iris[，1：4]，center = TRUE，scale. = TRUE) # scale. = TRUE 表示分析前对数据进行归一化

summary(com1)

df1 = com1 $ x #提取 PC score

str(com1) #查看数据结构

head(df1)

df1 = data. frame(df1，iris $ Species) #将 iris 数据集的第 5 列数据合并进来

head(df1)

R 运行结果如下：

```
> summary(com1)
Importance of components:
```

	PC1	PC2	PC3	PC4
Standard deviation	1. 7084	0. 9560	0. 38309	0. 14393
Proportion of Variance	0. 7296	0. 2285	0. 03669	0. 00518
Cumulative Proportion	0. 7296	0. 9581	0. 99482	1. 00000

```
> str(df1)
num [1：150, 1：4]  −2. 26  −2. 07  −2. 36  −2. 29  −2. 38...
− attr( ∗ , "dimnames") = List of 2
.. $ ：NULL
.. $ ：chr [1：4] "PC1" "PC2" "PC3" "PC4"
> head(df1)
```

	PC1	PC2	PC3	PC4
[1,]	−2. 257141	−0. 4784238	0. 12727962	0. 024087508
[2,]	−2. 074013	0. 6718827	0. 23382552	0. 102662845
[3,]	−2. 356335	0. 3407664	−0. 04405390	0. 028282305
[4,]	−2. 291707	0. 5953999	−0. 09098530	−0. 065735340
[5,]	−2. 381863	−0. 6446757	−0. 01568565	−0. 035802870
[6,]	−2. 068701	−1. 4842053	−0. 02687825	0. 006586116

```
>head(df1)
```

	PC1	PC2	PC3	PC4	iris. Species
1	−2. 257141	−0. 4784238	0. 12727962	0. 024087508	setosa
2	−2. 074013	0. 6718827	0. 23382552	0. 102662845	setosa
3	−2. 356335	0. 3407664	−0. 04405390	0. 028282305	setosa
4	−2. 291707	0. 5953999	−0. 09098530	−0. 065735340	setosa
5	−2. 381863	−0. 6446757	−0. 01568565	−0. 035802870	setosa
6	−2. 068701	−1. 4842053	−0. 02687825	0. 006586116	setosa

2. PCA 结果可视化

summ = summary(com1)

xlab = paste0("PC1(", round(summ $ importance[2, 1] * 100, 2),"%)")

ylab = paste0("PC2(", round(summ $ importance[2, 2] * 100, 2),"%)") #提取主成分的方差贡献率，生成坐标轴标题

p2 = ggplot(data = df1, aes(x = PC1, y = PC2, color = iris. Species)) +

stat_ellipse(aes(fill = iris. Species),

type = "norm", geom = "polygon", alpha = 0. 2, color = NA) +

geom_point( ) + labs(x = xlab, y = ylab, color = "") +

guides(fill = F)

p2 + scale_fill_manual(values = c("purple","orange","blue")) +

scale_colour_manual(values = c("purple","orange","blue"))

R 中运行结果如图 6-4 所示。

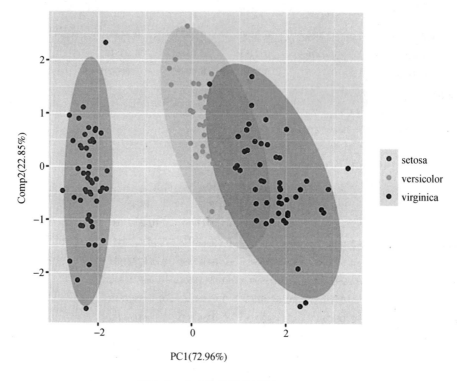

图 6-4　主成分分析结果图

二、princomp( )函数

如果使用 princomp( )函数，需要先做归一化，princomp( )函数并无数据标准化相关的参数，且默认使用协方差矩阵，得到的结果与使用相关性矩阵有细微差异，原因是根

据相关系数公式可知，归一化后的相关性系数近乎等于协方差。

1. 数据归一化及主成分计算

```
data<-iris
head(data)
dt<-as. matrix(scale(data[,1:4]))  # 对原数据进行 z-score 归一化
head(dt)
com2 = princomp(dt, cor = T)
summary(com2)
com3 = princomp(dt)
summary(com3)
```

R 运行结果如下：

```
> summary(com2)
Importance of components:
```

	Comp. 1	Comp. 2	Comp. 3	Comp. 4
Standard deviation	1.7083611	0.9560494	0.38308860	0.143926497
Proportion of Variance	0.7296245	0.2285076	0.03668922	0.005178709
Cumulative Proportion	0.7296245	0.9581321	0.99482129	1.000000000

```
>summary(com2, loadings = T)
Importance of components:
```

	Comp. 1	Comp. 2	Comp. 3	Comp. 4
Standard deviation	1.7083611	0.9560494	0.38308860	0.143926497
Proportion of Variance	0.7296245	0.2285076	0.03668922	0.005178709
Cumulative Proportion	0.7296245	0.9581321	0.99482129	1.000000000

```
Loadings:
```

	Comp. 1	Comp. 2	Comp. 3	Comp. 4
Sepal. Length	0.521	0.377	0.720	0.261
Sepal. Width	−0.269	0.923	−0.244	−0.124
Petal. Length	0.580	−0.142	−0.801	
Petal. Width	0.565	−0.634	0.524	

```
>summary(com3)
Importance of components:
```

	Comp. 1	Comp. 2	Comp. 3	Comp. 4
Standard deviation	1.7026571	0.9528572	0.38180950	0.143445939
Proportion of Variance	0.7296245	0.2285076	0.03668922	0.005178709
Cumulative Proportion	0.7296245	0.9581321	0.99482129	1.000000000

注意，princomp() 函数只适用于行数大于列数的矩阵，否则会报错。

2. 主成分结果可视化

```
df2 = com2 $ score  #提取 PC score
```

```
str( com2) #查看数据结构
head( df2)
df2 = data. frame( df2, iris $ Species) #将 iris 数据集的第 5 列数据合并进来
head( df2)
summ2 = summary( com2)
xlab = paste0(" Comp. 1( 72. 96% )" )
ylab = paste0(" Comp. 2( 22. 85% )" ) #提取主成分的方差贡献率，生成坐标轴标题
P3 = ggplot( data = df2, aes( x = PC1, y = PC2, color = iris. Species) ) +
stat_ellipse( aes( fill = iris. Species),
type = " norm", geom = " polygon", alpha = 0. 2, color = NA) +
geom_point( ) +labs( x = xlab, y = ylab, color = " " ) +
guides( fill = F)
P3+scale_fill_manual( values = c( " purple" ," orange" ," blue" ) ) +
scale_colour_manual( values = c( " purple" ," orange" ," blue" ) )
```

R 中运行结果如图 6-5 所示。

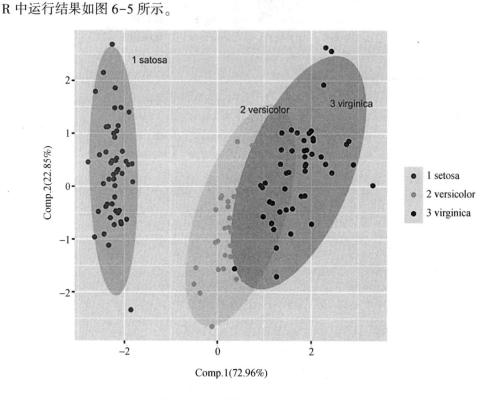

图 6-5 主成分分析结果图

第七章　通径分析

第一节　通径分析基础

通径分析(path analysis)又称路径分析,是多变量线性回归的扩展。通径分析是根据已有的理论知识,结合实际需要,提出多个变量间因果关系的结构模型,并验证这类带有先验信息的因果模型对样本数据的拟合程度,进而对因果模型进行评价的一种多元统计分析方法。它可以分析多个结果变量与多个原因变量之间的因果效应,它的优点是既可以分析一个变量对另一个变量的直接作用,也可以分析其间接作用。

通径系数:描述路径图中变量间的"因果关系"强弱指标称为通径系数。

通径图:直观、形象地表达了相关变量间的关系,用数量表示因果关系中原因对结果影响的相对重要程度与性质以及平行关系中的相关重要程度。

直接效应:直接效应指由原因变量到结果变量的直接影响,用原因变量到结果变量的路径系数来衡量直接效应的大小。

间接效应:间接效应是指原因变量通过一个或多个中介变量,而对结果变量的间接作用,当只有一个中介变量时,间接效应大小是两个路径系数的乘积。

总效应:总效应是直接效应与间接效应的总和。

误差项:误差项是指测量误差与通径模型中无法解释的变量产生的效应总和。

第二节　通径分析实例

```
data(iris) # 加载 R 内存数据
head(iris) # 查看数据前 6 行
x = iris[ , 2: 4]
y = iris[ , 1]
library(agricolae) # 使用 R 包
cor. x = correlation(x) $ correlation # 计算向量 x 与向量 x 的相关系数
cor. y = correlation(y, x) $ correlation # 计算向量 y 与向量 x 的相关系数
cor. x
cor. y
```

path. analysis(cor. x, cor. y) # 进行通径分析

运行结果如下:

```
> head(iris)
```

	Sepal. Length	Sepal. Width	Petal. Length	Petal. Width	Species
1	5.1	3.5	1.4	0.2	setosa
2	4.9	3.0	1.4	0.2	setosa
3	4.7	3.2	1.3	0.2	setosa
4	4.6	3.1	1.5	0.2	setosa
5	5.0	3.6	1.4	0.2	setosa
6	5.4	3.9	1.7	0.4	setosa

```
> cor. x
```

	Sepal. Width	Petal. Length	Petal. Width
Sepal. Width	1.00	-0.43	-0.37
Petal. Length	-0.43	1.00	0.96
Petal. Width	-0.37	0.96	1.00

```
> cor. y
```

	Sepal. Width	Petal. Length	Petal. Width
y	-0.12	0.87	0.82

```
> path. analysis(cor. x, cor. y) #进行通径分析
Direct(Diagonal) and indirect effect path coefficients
===================================
```

	Sepal. Width	Petal. Length	Petal. Width
Sepal. Width	0.3314216	-0.590100	0.1386785
Petal. Length	-0.1425113	1.372326	-0.3598144
Petal. Width	-0.1226260	1.317433	-0.3748067

Residual Effect^2 = 0.1531887

第八章 聚类分析

第一节 聚类分析基础

聚类分析(cluster analysis)是数据挖掘领域最重要的研究内容，也是最为常见和最有潜力的发展。聚类分析为根据事物自身的特性对被聚类对象进行类别划分的统计分析方法。聚类分析目的是根据某种相似度度量对数据集进行划分，将没有类别的数据样本划分成若干个不同的子集，这样的一个子集称为簇(cluster)，聚类使得同一个簇中的数据对象彼此相似，不同簇中的数据对象彼此不同，即把性质相近的事物归入同一类，而把性质相差较大的事物归入不同类的一种统计分析方法，也就是通常所说的"物以类聚"，又称群分析、点群分析，是分类学与多元分析的结合。

聚类分析可以分为两种类型：一种是对样品聚类，另一种是对指标聚类。依据研究对象(样品或指标)的特征，对其进行分类的方法，减少研究对象的数目。在聚类分析中，通常我们将根据分类对象的不同分为 Q 型聚类分析和 R 型聚类分析两大类。R 型聚类分析不但可以了解个别变量之间的关系的亲疏程度，而且可以了解各个变量组合之间的亲疏程度。Q 型聚类分析可以综合利用多个变量的信息对样本进行分类；分类结果是直观的，聚类谱系图非常清楚地表现其数值分类结果；聚类分析所得到的结果比传统分类方法更细致、全面、合理。

度量相似或疏远程度常有两种指标：距离和相似系数。而样本聚类通常使用距离，而指标聚类时通常使用相似系数或相异系数。两种聚类在数学上是对称的，没有什么不同。

需要说明的是，聚类分析是一种探索性的分析，在分类的过程中，人们不必事先给出一个分类的标准，聚类分析能够从样本数据出发，自动进行分类。聚类分析所使用方法的不同，常常会得到不同的结论。不同研究者对于同一组数据进行聚类分析，所得到的聚类数未必一致。

第二节 聚类分析步骤

(1)数据预处理。对数据进行标准化、降维和去除离群点等。

(2)定义相似度度量。相似度度量通常由距离函数表示，它的定义直接决定了数据对象是否属于一个簇。

（3）聚类。使用合适的聚类算法对数据集进行划分，得到聚类结果。

（4）聚类结果评估。使用评价指标对聚类结果进行评价，常用的评价指标有 RandIndex、准确率 AC 等。

（5）聚类结果解释。

第三节　聚类分析实例

```
install. packages( "factoextra" )
library( factoextra)
install. packages( "cluster" )
library( cluster)
data( "USArrests" ) # 使用内置的 R 数据集 USArrests
USArrests = na. omit( USArrests)
head( USArrests, n = 6)
describe( USArrests)
scale_USArrests = scale( USArrests) # 变量有很大的方差及均值时需进行标准化
head( scale_USArrests)
clust_tendency = get_clust_tendency( scale_USArrests, 40, graph = TRUE) # 数据集群
性评估，计算 Hopkins 统计量
clust_tendency $ hopkins_stat # 输出 Hopkins 统计量结果
```

运行结果如下：

```
> head( USArrests, n = 6)
```

	Murder	Assault	UrbanPop	Rape
Alabama	13. 2	236	58	21. 2
Alaska	10. 0	263	48	44. 5
Arizona	8. 1	294	80	31. 0
Arkansas	8. 8	190	50	19. 5
California	9. 0	276	91	40. 6
Colorado	7. 9	204	78	38. 7

```
> describe( USArrests)
```

	vars	n	mean	sd	median	trimmed	mad	min	max	range	skew
Murder	1	50	7. 79	4. 36	7. 25	7. 53	5. 41	0. 8	17. 4	16. 6	0. 37
Assault	2	50	170. 76	83. 34	159. 00	168. 48	110. 45	45. 0	337. 0	292. 0	0. 22
UrbanPop	3	50	65. 54	14. 47	66. 00	65. 88	17. 79	32. 0	91. 0	59. 0	−0. 21
Rape	4	50	21. 23	9. 37	20. 10	20. 36	8. 60	7. 3	46. 0	38. 7	0. 75

	kurtosis	se

Murder	−0.95	0.62
Assault	−1.15	11.79
UrbanPop	−0.87	2.05
Rape	0.08	1.32

```
> head(scale_USArrests)
```

	Murder	Assault	UrbanPop	Rape
Alabama	1.24256408	0.7828393	−0.5209066	−0.003416473
Alaska	0.50786248	1.1068225	−1.2117642	2.484202941
Arizona	0.07163341	1.4788032	0.9989801	1.042878388
Arkansas	0.23234938	0.2308680	−1.0735927	−0.184916602
California	0.27826823	1.2628144	1.7589234	2.067820292
Colorado	0.02571456	0.3988593	0.8608085	1.864967207

```
> clust_tendency $ hopkins_stat
[1] 0.6559125
```

由以上结果 Hopkins 统计量为 0.66，表明数据是可聚的。

一、k-means 聚类

k-means 聚类又称快速聚类，其核心思想是对于给定的样本集，按照样本之间的距离，将样本集划为 k 个簇，让簇内的点尽量紧密连在一起，簇间距离尽量大。其工作流程是对于 n 个对象的数据集，给出聚类个数 k，从 n 中随机抽取 k 个对象作为聚类中心，根据欧几里得距离判断每个对象属于哪个簇，计算并更新每个簇中对象的平均值，并将其作为新的聚类中心。

由于 k 均值聚类方法需要指定要生成的聚类数量，因此，我们使用 R 中函数 clusGap()来计算估计最优聚类数，使用 fviz_gap_stat()函数进行可视化。

set.seed(123) # 设定随机数种子

gap.stat = clusGap(scale_USArrests, FUN = kmeans, nstart = 25, K.max = 10, B = 500) # 计算 gap 统计量。其中 K.max 为最大聚类个数，B 为 Bootstrap 样本数。nstart 是重复做 kmeans 次数，通常设为 20 或 25

fviz_gap_stat(gap.stat) #图中显示最佳为聚成四类(k=4)

运行结果如图 8-1、图 8-2 所示。

km.clust = kmeans(scale_USArrests, 4, nstart = 25) # k-means 按 4 组进行聚类，选择 25 个随机集。

fviz_cluster(km.clust, USArrests) # 可视化分类结果

结果如图 8-1、图 8-2 所示。

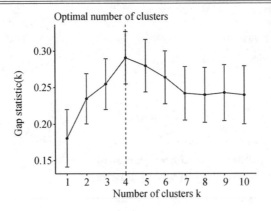

图 8-1　聚类个数

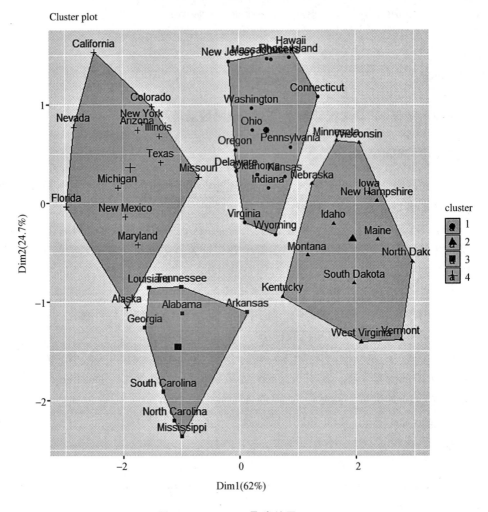

图 8-2　k-means 聚类结果

二、增强 k-means 聚类

eclust( )增强的聚类分析方法，与其他聚类分析包相比，简化了聚类分析的工作流程，可以用于计算层次聚类和分区聚类，eclust( )函数可自动计算最佳聚类簇数，可自动提供 Silhouette plot，可以结合 ggplot2 绘制优美的图形。

1. 使用 eclust( )的 k 均值聚类

res. km<-eclust(scale_USArrests,"kmeans")

fviz_gap_stat(res. km $ gap_stat) # 计算最佳聚类数

结果如图 8-3、图 8-4 所示。

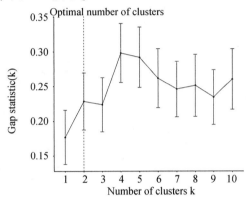

图 8-3　聚类个数确定

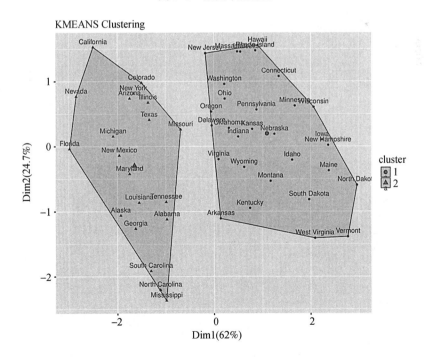

图 8-4　聚类结果(eclust 的 k 均值聚类)

2. 使用 eclust( ) 的层次聚类

res. hc<-eclust(scale_USArrests ,"hclust") #使用 eclust( ) 的层次聚类

fviz_dend(res. hc , rect = TRUE)

fviz_silhouette(res. hc) # 生成 silhouette plot

fviz_cluster(res. hc) # 生成 scatter plot

结果如图 8-5~图 8-7。

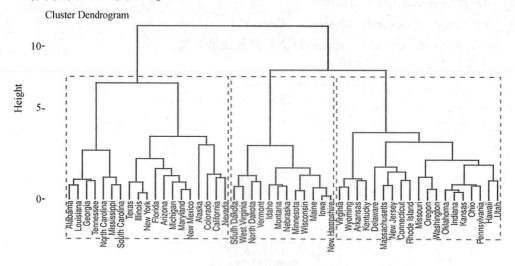

图 8-5　聚类分析树状图

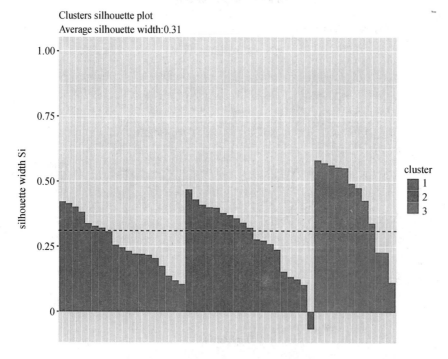

图 8-6　聚类分析的 silhouette plot

```
> fviz_silhouette( res. hc)
```

	cluster	size	ave. sil. width
1	1	19	0.26
2	2	19	0.28
3	3	12	0.43

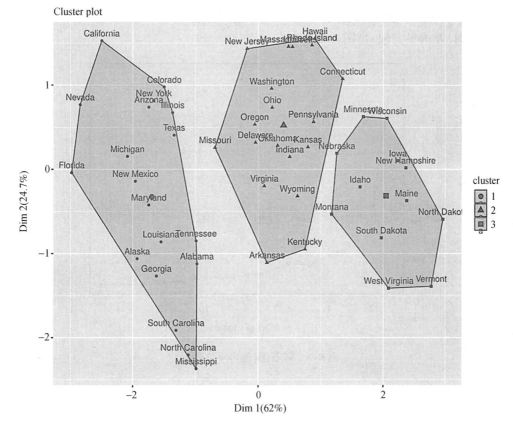

图8-7 聚类分析的 scatter plot

三、基于碎石图的聚类

在聚类分析中，K-means 聚类算法是最常用的，它需要先确定要将这组数据分成多少类，即聚类个数。聚类个数的确定要考虑数据的实际情况与自身需求，除函数clusGap( )来计算估计最优聚类数，也可以用 nFactors 包的函数来确定最佳的因子个数，将因子数作为聚类数。另外也可以根据碎石图来确定聚类个数。

```
###### 数据预处理######
data( iris)
iris0 <- iris[ , 1：4] # 只提取前4列数据
iris1 <- na. omit( iris0) # 删除缺失值
```

iris2 <- scale(iris1) # 数据标准化

利用碎石图确定聚类个数######

wss = (nrow(iris2)-1) * sum(apply(iris2, 2, var)) # 计算离均差平方和

for (i in 2: 15) wss[i] = sum(kmeans(iris2, centers=i) $ withinss) #计算不同聚类个数的组内平方和

plot(1: 15, wss, type="b", xlab="Number of Clusters",

ylab="Within groups sum of squares") # 绘碎石图

碎石图(组内平方和)见图8-8。

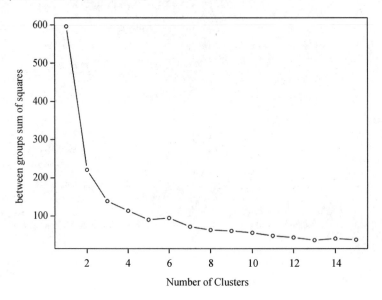

图8-8　碎石图(组内平方和)

between=c()

for (i in 1: 15) between[i] = sum(kmeans(iris2, centers=i) $ betweenss) #计算不同聚类个数的组内平方和

plot(1: 15, between, type="b", xlab="Number of Clusters", ylab="between groups sum of squares") # 绘碎石图

碎石图(组间平方和)见图8-9。

一般，我们需要控制组内平方和的值要小，同时聚类的个数也不能太多，所以从图8-10中可以看出聚类个数定在3或者4比较好。

k-means 聚类分析######

km <- kmeans(iris2, 3) # 设定聚类个数为3

aggregate(iris2, by=list(km $ cluster), FUN=mean) # 计算各聚类均值

```
> aggregate(iris2, by=list(km $ cluster), FUN=mean)

     Group. 1    Sepal. Length    Sepal. Width    Petal. Length    Petal. Width

1       1        -1. 01119138      0. 85041372     -1. 3006301      -1. 2507035
```

| 2 | 2 | 1. 13217737 | 0. 08812645 | 0. 9928284 | 1. 0141287 |
| 3 | 3 | −0. 05005221 | −0. 88042696 | 0. 3465767 | 0. 2805873 |

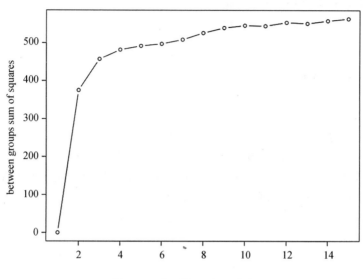

图 8-9　碎石图(组间平方和)

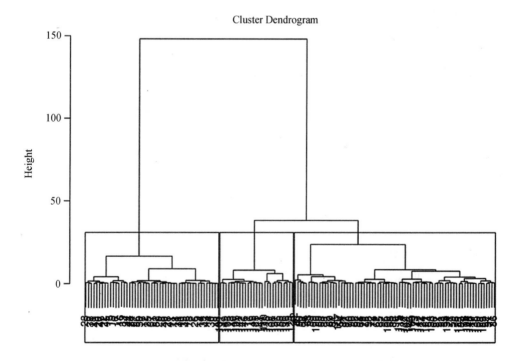

图 8-10　聚类分析树状图

######Ward 层次聚类######

d <- dist(iris2, method = "euclidean") # 计算各个样本点之间的欧氏距离

```
hc <- hclust(d, method = "ward. D") #进行 Ward 层次聚类
plot(hc) # 绘制树状图展示聚类结果
groups <- cutree(hc, k = 3) # 设定聚类个数为 3
# 给聚成的 3 个类别加上黑色边框
rect. hclust(hc, k = 3, border = "black")
```

四、基于模型的聚类

1. 模型聚类分析

基于模型的聚类方法试图优化给定的数据和某些数学模型的适应性，其基本原理是假定给定的数据集符合一定的密度函数分布，每个簇假定一个模型，寻找数据与模型的最佳拟合。通常利用极大似然估计法和贝叶斯准则在大量假定的模型中去选择最佳的聚类模型并确定最佳聚类个数，可以使用 R 包"mclust"的 Mclust() 函数来实现这种模型聚类分析，同时可以通过 help(mclustModelNames) 去查看各类模型的详细信息。

```
install. packages("mclust")
library(mclust)
mc <- Mclust(iris2)
plot(mc) # 绘图
summary(mc) # 输出结果……
> mc <- Mclust(iris2)
fitting ...
| ================================= | 100%
> plot(mc) # 绘图
Model-based clustering plots:

1: BIC
2: classification
3: uncertainty
4: density


Selection:
```

根据以上运行结果，输入 1，回车后，得到图 8-11 的聚类结果。

2. 聚类结果可视化

```
km2<- kmeans(iris2, 2) # 将原数据聚成两类
install. packages("cluster")
library(cluster)
clusplot(iris2, km2 $ cluster, color = TRUE, shade = TRUE, labels = 2, lines = 0) # 用
```
前两个主成分绘制聚类图(图 8-12)
```
str(km2)
km2 $ cluster
```

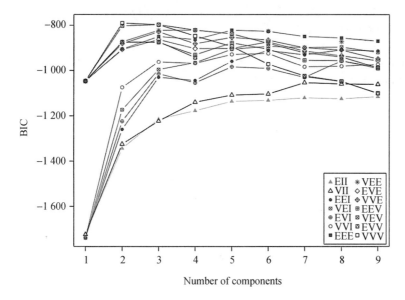

图 8-11 基于 BIC 模型的聚类分析

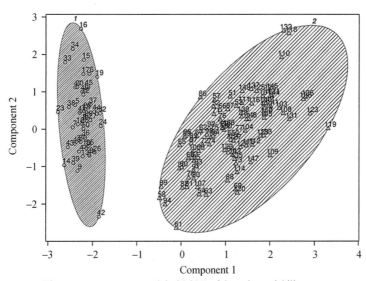

These two components explain 95.81% of the point variability

图 8-12 聚类结果可视化

> str(km2)

List of 9

$ cluster ：Named int［1：150］1 1 1 1 1 1 1 1 1 1 ...

.. - attr(* , "names")= chr［1：150］"1" "2" "3" "4" ...

$ centers ：num［1：2, 1：4］-1. 011 0. 506 0. 85 -0. 425 -1. 301 ...

.. - attr(* , "dimnames")= List of 2

.. .. $ ：chr［1：2］"1" "2"

.. .. $ ：chr［1：4］"Sepal. Length" "Sepal. Width" "Petal. Length" "Petal. Width"

```
$ totss : num 596
$ withinss : num [1：2] 47.4 173.5
$ tot. withinss: num 221
$ betweenss : num 375
$ size : int [1：2] 50 100
$ iter : int 1
$ ifault : int 0
– attr( *，"class" )= chr "kmeans"


> km2 $ cluster
```

1	2	3	4	5	6	7	8	9	10	11	12	13	14	15	16	17	18	19	20
1	1	1	1	1	1	1	1	1	1	1	1	1	1	1	1	1	1	1	1
21	22	23	24	25	26	27	28	29	30	31	32	33	34	35	36	37	38	39	40
1	1	1	1	1	1	1	1	1	1	1	1	1	1	1	1	1	1	1	1
41	42	43	44	45	46	47	48	49	50	51	52	53	54	55	56	57	58	59	60
1	1	1	1	1	1	1	1	1	1	2	2	2	2	2	2	2	2	2	2
61	62	63	64	65	66	67	68	69	70	71	72	73	74	75	76	77	78	79	80
2	2	2	2	2	2	2	2	2	2	2	2	2	2	2	2	2	2	2	2
81	82	83	84	85	86	87	88	89	90	91	92	93	94	95	96	97	98	99	100
2	2	2	2	2	2	2	2	2	2	2	2	2	2	2	2	2	2	2	2
101	102	103	104	105	106	107	108	109	110	111	112	113	114	115	116	117	118	119	120
2	2	2	2	2	2	2	2	2	2	2	2	2	2	2	2	2	2	2	2
121	122	123	124	125	126	127	128	129	130	131	132	133	134	135	136	137	138	139	140
2	2	2	2	2	2	2	2	2	2	2	2	2	2	2	2	2	2	2	2
141	142	143	144	145	146	147	148	149	150										
2	2	2	2	2	2	2	2	2	2										

因此，如果仅仅使用花瓣和花萼的数据，鸢尾花数据集聚成两类最好，其中第一类是"setosa"，第二类则是"versicolor"和"virginica"。虽然该数据集自然分类是三类，强行分成三类的效果并不好，这主要是因为仅仅利用花瓣和花萼的数据还无法将"versicolor"和"virginica"这两类进行很好的区分。

第九章 因子分析

第一节 因子分析基本原理

常用于通过可观测变量推断出其背后的公共因子(也称为隐变量),样本在公共因子上的取值变化影响其在可观测变量上的取值,因为一般公共因子的个数小于可观测变量的数目,所以因子分析也可以用来降维。因子分析是基于降维的思想,在尽可能不损失或者少损失原始数据信息的情况下,将错综复杂的众多变量聚合成少数几个独立的公共因子,这几个公共因子可以反映原来众多变量的主要信息,在减少变量个数的同时,又反映了变量之间的内在联系。

第二节 因子分析思路

因子分析思路如下:

(1)确定原有若干变量是否适合因子分析(变量之间是否有很强的相关性);

(2)构造因子变量(主成分法、未加权最小平方法、综合最小平方法、最大似然法、主轴因子法、Alpha 因子法、映像因子法);

(3)利用旋转使得因子变量更具有可解释性(旋转分为正交旋转和斜交旋转,斜交旋转违背最初设定,可看作传统分析的拓展,不论正交旋转还是斜交旋转,都应使新公共因子的绝对值尽可能接近 0 或 1);

(4)计算因子变量的得分。

第三节 因子分析步骤

因子分析步骤如下:

(1)相关性检验,一般采用 KMO 检验法和 Bartlett 球形检验法两种方法;

(2)输入原始数据 $X_{n \times p}$,计算样本均值和方差,对数据样本做标准化处理;

(3)计算样本的相关系数矩阵 R;

(4)求相关系数矩阵 R 的特征值和特征向量;

（5）根据系统要求的累计贡献率确定公共因子的个数；

（6）计算因子载荷矩阵 *A*；

（7）对载荷矩阵进行旋转，以求能更好地解释公共因子；

（8）确定因子模型；

（9）根据计算结果，求因子得分，对系统进行分析。

第四节　因子分析实例

以 agricolae 包中的 soil 数据为例，说明因子分析的过程。

```
install. packages("agricolae")
library(psych)
library(agricolae)
library(help=agricolae)
head(soil)
fa. parallel(soil[, 2:8], fa="both", fm="ml")
```

结果如图 9-1 所示。

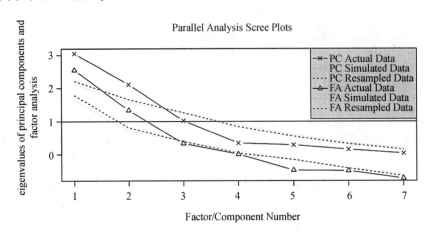

图 9-1　PCA 和因子分析的碎石图

若 fa="both"，则同时给出 PCA 和因子分析的碎石图，根据因子分析碎石图的结果，建议我们提取 3 个因子。rotate 参数确定旋转方法，有多种不同的选择，比如不旋转、正交旋转法（比如最大方差法）、斜交旋转法等，fm 参数为选择因子计算方法，比如最大似然法 ml、主轴迭代法 pa、加权最小二乘 wls、广义加权最小二乘 gls、最小残差 minres 等。

首先用 7 个因子进行因子分析（最大似然法，不旋转）：

```
fa0= fa(soil[, 2:8], nfactors= 7, rotate="none", fm="ml")
fa0
```

运行结果如图 9-2。

> fa0

Factor Analysis using method = ml

Call: fa(r = soil[, 2: 8], nfactors = 7, rotate = "none", fm = "ml")

Standardized loadings (pattern matrix) based upon correlation matrix

	ML1	ML2	ML3	ML4	ML5	ML6	ML7	h2	u2	com
pH	0.49	−0.52	0.54	−0.01	0	0	0	0.81	0.195	3.0
EC	0.72	−0.60	−0.22	−0.01	0	0	0	0.92	0.077	2.1
CaCO3	0.32	−0.37	0.61	0.17	0	0	0	0.64	0.360	2.4
MO	0.27	0.92	0.05	−0.04	0	0	0	0.92	0.079	1.2
CIC	0.51	0.42	0.41	0.17	0	0	0	0.64	0.362	3.1
P	0.87	0.35	−0.18	0.08	0	0	0	0.91	0.088	1.4
K	0.82	−0.04	0.25	−0.24	0	0	0	0.79	0.207	1.4

	ML1	ML2	ML3	ML4	ML5	ML6	ML7
SS loadings	2.61	1.92	0.98	0.12	0.0	0.0	0.0
Proportion Var	0.37	0.27	0.14	0.02	0.0	0.0	0.0
Cumulative Var	**0.37**	**0.65**	**0.79**	**0.80**	**0.8**	**0.8**	**0.8**
Proportion Explained	0.46	0.34	0.17	0.02	0.0	0.0	0.0
Cumulative Proportion	0.46	0.80	0.98	1.00	1.0	1.0	1.0

Mean item complexity = 2.1

Test of the hypothesis that 7 factors are sufficient.

df null model = 21 with the objective function = 5.64 with Chi Square = 49.85

df of the model are −7 and the objective function was 0.38

The root mean square of the residuals (RMSR) is 0.02

The df corrected root mean square of the residuals is NA

The harmonic n. obs is 13 with the empirical chi square 0.19 with prob < NA

The total n. obs was 13 with Likelihood Chi Square = 1.59 with prob < NA

Tucker Lewis Index of factoring reliability = 11.251

Fit based upon off diagonal values = 1

Measures of factor score adequacy

	ML1	ML2	ML3	ML4	ML5	ML6
Correlation of (regression) scores with factors	0.97	0.97	0.88	0.56	0	0
Multiple R square of scores with factors	0.95	0.94	0.78	0.31	0	0
Minimum correlation of possible factor scores	0.89	0.88	0.56	−0.38	−1	−1

	ML7
Correlation of (regression) scores with factors	0
Multiple R square of scores with factors	0
Minimum correlation of possible factor scores	−1

h2 是公因子方差，表示因子对每个变量的解释度，u2 = 1−h2，表示不能被因子解释的比例。结果中的 Cumulative Var，累积方差解释，可以看到在使用 2 个因子时，累计贡献度是 0.65，3 个因子是 0.79，结合碎石图，我们选择用 2 个因子。

fa1 = fa(soil[, 2: 8], nfactors = 2, rotate = "none", fm = "ml")

fa1

结果如下：

> fa1

Factor Analysis using method = ml

Call: fa(r = soil[, 2: 8], nfactors = 2, rotate = "none", fm = "ml")

Standardized loadings (pattern matrix) based upon correlation matrix

	ML2	ML1	h2	u2	com
pH	0.47	−0.35	0.34	0.659	1.8
EC	**0.89**	−0.43	0.97	0.029	1.5
CaCO3	0.27	−0.24	0.13	0.873	2.0
MO	0.05	**1.00**	1.00	0.005	1.0
CIC	0.29	0.52	0.36	0.639	1.6
P	**0.78**	0.53	0.88	0.116	1.8
K	**0.74**	0.20	0.59	0.408	1.1

	ML2	ML1
SS loadings	2.32	1.95
Proportion Var	0.33	0.28
Cumulative Var	**0.33**	**0.61**
Proportion Explained	0.54	0.46
Cumulative Proportion	0.54	1.00

Mean item complexity = 1.5

Test of the hypothesis that 2 factors are sufficient.

df null model = 21 with the objective function = 5.64 with Chi Square = 49.85

df of the model are 8 and the objective function was 1.66

The root mean square of the residuals (RMSR) is 0.18

The df corrected root mean square of the residuals is 0.29

The harmonic n. obs is 13 with the empirical chi square 17. 1 with prob < 0. 029

The total n. obs was 13 with Likelihood Chi Square = 12. 48 with prob < 0. 13

Tucker Lewis Index of factoring reliability = 0. 449

RMSEA index = 0. 191 and the 90 % confidence intervals are 0 0. 436

BIC = -8. 04

Fit based upon off diagonal values = 0. 84

Measures of factor score adequacy

	ML2	ML1
Correlation of (regression) scores with factors	0. 99	1. 00
Multiple R square of scores with factors	0. 97	1. 00
Minimum correlation of possible factor scores	0. 94	0. 99

由以上结果可知，选择 2 个因子，最终的累积方差解释是 0. 61，再看因子载荷矩阵，因子 1(ML1) 在 MO 较高的载荷，因子 2(ML2) 在 EC、P、K 方面具有很大的载荷。

通过因子旋转我们可以更容易找到内在规律，使得结果更加容易结合专业背景进行解释。

fa2 = fa(soil[, 2: 8], nfactors = 2, rotate = " varimax" , fm = "ml") # 选择 2 个因子，最大方差旋转，最大似然法。

fa2

fa. diagram(fa2) # 因子分析结果可视化

结果如下：

> fa2

Factor Analysis using method = ml

Call: fa(r = soil[, 2: 8], nfactors = 2, rotate = " varimax" , fm = " ml")

Standardized loadings (pattern matrix) based upon correlation matrix

	ML1	ML2	h2	u2	com
pH	0. 00	0. 58	0. 34	0. 659	1. 0
EC	0. 18	**0. 97**	0. 97	0. 029	1. 1
CaCO3	-0. 03	0. 36	0. 13	0. 873	1. 0
MO	**0. 83**	-0. 56	1. 00	0. 005	1. 8
CIC	0. 60	-0. 08	0. 36	0. 639	1. 0
P	**0. 89**	0. 31	0. 88	0. 116	1. 2
K	0. 60	0. 48	0. 59	0. 408	1. 9

	ML1	ML2
SS loadings	2. 23	2. 05
Proportion Var	0. 32	0. 29

Cumulative Var	**0. 32**	**0. 61**
Proportion Explained	0. 52	0. 48
Cumulative Proportion	0. 52	1. 00

Mean item complexity = 1. 3

Test of the hypothesis that 2 factors are sufficient.

df null model = 21 with the objective function = 5. 64 with Chi Square = 49. 85

df of the model are 8 and the objective function was 1. 66

The root mean square of the residuals (RMSR) is 0. 18

The df corrected root mean square of the residuals is 0. 29

The harmonic n. obs is 13 with the empirical chi square 17. 1 with prob < 0. 029

The total n. obs was 13 with Likelihood Chi Square = 12. 48 with prob < 0. 13

Tucker Lewis Index of factoring reliability = 0. 449

RMSEA index = 0. 191 and the 90 % confidence intervals are 0 0. 436

BIC = -8. 04

Fit based upon off diagonal values = 0. 84

Measures of factor score adequacy

	ML1	ML2
Correlation of (regression) scores with factors	0. 99	0. 99
Multiple R square of scores with factors	0. 99	0. 98
Minimum correlation of possible factor scores	0. 97	0. 96

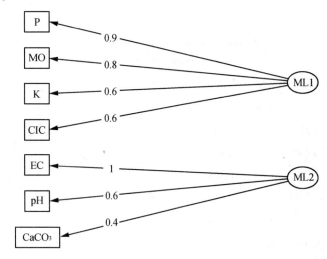

图 9-2　因子分析

第十章 对应分析

第一节 对应分析基础

对应分析(correspondence analysis)也称关联分析、R-Q型因子分析,是R型因子分析和Q型因子分析的结合,是近年新发展起来的一种多元统计分析技术,通过分析由定性变量构成的交互汇总表来揭示变量间的联系。可以揭示同一变量的各个类别之间的差异,以及不同变量各个类别之间的对应关系。主要应用在市场细分、产品定位、地质研究以及计算机工程等领域中。原因在于,它是一种视觉化的数据分析方法,它能够将几组看不出任何联系的数据,通过视觉上可以接受的定位图展现出来。Q型因子分析:样本之间的关系;R型分析:变量之间的关系。有时候我们不仅要弄清样本之间和变量之间的关系,还要弄清样本与变量之间的关系,而对应分析就是这样一种分析方法。

第二节 对应分析的适用条件

(1)当卡方检验结论有统计学意义时,对应分析才会在分类变量各类别间找到较明显的类别关系。具体 p 值的界值为多少才合适并无统一的标准,一般如果 p 值大于0.2,则没必要进行对应分析;如果在 p 值在 $0.05 \sim 0.2$ 之间,可以考虑进行对应分析,但对结果的解释仍需要慎重。

(2)对应分析作为一种描述方法,对应分析的结果越稳定越好,故进行对应分析时样本量不能太小,具体样本量大小参考卡方检验的要求。

第三节 实例操作

一、对应分析

```
install. packages("ca")
library(ca)
data("smoke") # smoke 这个数据集来自 Greenacre(1984),被应用于多个统计软
```

件作为对应分析的说明案例数据。它是一个 5 行 4 列的表格，给出了一个虚构的公司内各阶层吸烟习惯的频数。

ca. smoke = ca(smoke) #对应分析

summary(ca. smoke)

结果如下：

```
> summary(ca. smoke)
Principal inertias (eigenvalues):
```

dim	value	%	cum%	scree plot
1	0.074759	87.8	87.8	**********************
2	0.010017	11.8	99.5	***
3	0.000414	0.5	100.0	
	——		——	

Total: 0.085190 100.0

Rows:

	name	mass	qlt	inr	k=1	cor	ctr	k=2	cor	ctr
1	SM	57	893	31	-66	92	3	-194	800	214
2	JM	93	991	139	259	526	84	-243	465	551
3	SE	264	1000	450	-381	999	512	-11	1	3
4	JE	456	1000	308	233	942	331	58	58	152
5	SC	130	999	71	-201	865	70	79	133	81

Columns:

	name	mass	qlt	inr	k=1	cor	ctr	k=2	cor	ctr
1	none	316	1000	577	-393	994	654	-30	6	29
2	lght	233	984	83	99	327	31	141	657	463
3	medm	321	983	148	196	982	166	7	1	2
4	hevy	130	995	192	294	684	150	-198	310	506

二、对应分析结果可视化

用 plot() 函数进行对应分析的结果可视化，其程序为：plot(x, dim= c(1, 2), map = "symmetric", what = c("all", "all"), mass = c(FALSE, FALSE), contrib = c("none", "none"), col= c("#0000FF", "#FF0000"), pch= c(16, 1, 17, 24), labels= c(2, 2), arrows= c(FALSE, FALSE), ...)。可选的图形参数(表 10-1)有："symmetric"(default) 对称分布，"rowprincipal" 行数据为主，"colprincipal" 列数据为主，"symbiplot" 主成分分析的 biplot 绘图，"rowgreen"行作为主坐标列作为标准坐标的情形。

表 10-1 参数说明

参数	选项说明
x	ca 返回的简单对应分析对象
dim	长度为 2 的数字向量，分别表示要绘制在水平轴和垂直轴上的尺寸；默认值为第一个尺寸水平和第二个尺寸垂直
map	指定映射类型的字符串。允许的选项包括"symmetric"（默认）"rowprincipal""colprincipal""symbiplot""rowgab""colgab""rowgreen""colgreen"
what	指定绘图内容的两个字符串的向量。第一个条目设置行，第二个条目设置列。允许值为"全部"（所有可用点，默认值）、"活动"（仅显示活动点）、"被动"（仅显示辅助点）、"无"（不显示点）
mass	两个逻辑向量，指定质量是否应该用点符号的面积表示（第一个条目表示行，第二个条目表示列）
contrib	两个字符串的向量，指定贡献（相对或绝对）是否应该用不同的颜色强度表示。可用选项为"无"（绘图中不显示贡献）。"绝对"（绝对贡献由颜色强度表示）。"相对"（相对贡献由颜色强度表示）。如果设置为"绝对"或"相对"，则贡献为零的点显示为白色。一个点的贡献越大，对应的颜色就越接近 col 选项指定的颜色
col	长度为 2 的向量，指定行和列点符号的颜色，默认情况下，行为蓝色，列为红色。颜色可以十六进制输入（例如 \ $ FF0000"），rgb（例如 rgb(1, 0, 0)）值或按 R-name（例如"red"）
pch	长度为 4 的向量，给出用于行活动点和辅助点、列活动点和辅助点的点类型
labels	长度为 2 的向量，指定绘图应仅包含符号（0）、标签（1）还是同时包含符号和标签（2）。将 labels 设置为 2 将导致在坐标处绘制符号，并使用偏移量绘制标签
arrows	两个逻辑向量，指定绘图应包含点（假，默认）还是箭头（真）。第一个值设置行，第二个值设置列

```
plot(ca. smoke)
plot(ca. smoke, mass = TRUE, contrib = "absolute",
map = "rowgreen", arrows = c(FALSE, TRUE)) # 行作为主坐标，列作为标准坐标
```
的情形

运行结果如图 10-1、图 10-2 所示。

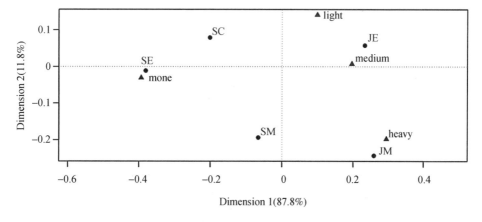

图 10-1 对应分析结果

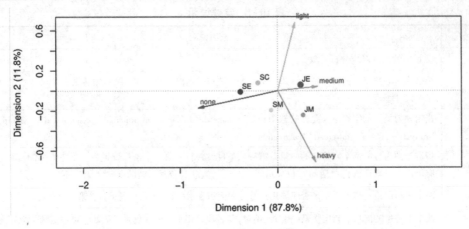

图 10-2　对应分析结果

参考文献

[1] 莫惠栋. 农业试验统计[M]. 上海：上海科学技术出版社，1992.

[2] 盖钧镒. 试验统计方法[M]. 北京：中国农业出版社，2000.

[3] 盖钧镒. 试验统计方法[M]. 4 版. 北京：中国农业出版社，2013.

[4] 卡巴科弗. R 语言实战[M]. 高涛，肖楠，陈钢，译. 北京：人民邮电出版社，2013.

[5] 薛毅，陈立萍. 统计建模与 R 软件[M]. 北京：清华大学出版社，2007.

[6] 王斌会. 多元统计分析及 R 语言建模[M]. 广州：暨南大学出版社，2014.

[7] 高惠璇. 应用多元统计分析[M]. 北京：北京大学出版社，2005.

[8] 王玲玲，周纪芗. 常用统计方法[M]. 上海：华东师范大学出版社，1994.

[9] 王松桂，陈敏，陈立萍. 线性统计模型[M]. 北京：高等教育出版社，1999.